ベクトルの軌跡とその応用

森沢　一栄　著

「d-book」シリーズ

http：//euclid.d-book.co.jp/

電気書院

目 次

1 抵抗 R とリアクタンス X との直列回路

- 1・1 X が一定, R が $0 \to \infty$ の $\dot{Z}$, $\dot{E}$ の軌跡 ……………………………… 1
- 1・2 R が一定, X が $0 \to \infty$ の $\dot{Z}$, $\dot{E}$ の軌跡 ($\dot{I}$ は一定) ……………… 2
- 1・3 $\dot{E}$ と X 一定, R が変わるときの $\dot{I}$ と $\dot{Y}$ の軌跡 …………………………… 3
- 1・4 $\dot{E}$ と R 一定, X が変わるときの $\dot{I}$ と $\dot{Y}$ の軌跡 …………………………… 5
- 1・5 ツーロン (Toulon) 氏の移相回路 ……………………………………………… 7
- 1・6 R, L, C 直列回路の $\dot{Y}$ の軌跡 ………………………………………………… 7
- 1・7 誘導電動機円線図と最大電力供給の理 ……………………………………… 9

2 逆図形

- 2・1 逆図形 ……………………………………………………………………… 11
- 2・2 逆図形の描き方 …………………………………………………………… 11
- 2・3 逆図形より RC 回路の周波数応答を求める …………………………… 12

3 R, L, C のいずれかが変わる場合   17

4 直線と円の逆図形

- 4・1 原点を通る無限直線の逆図形 …………………………………………… 28
- 4・2 原点を通らない直線の逆図形 …………………………………………… 28
- 4・3 原点を通らない円の逆図形 ……………………………………………… 31
- 4・4 原点を通らない円の逆円の中心, 半径 ………………………………… 32

5 一般回路のベクトル軌跡   33

6 相互インダクタンスを含む回路への適用   38

　　問題の答 ……………………………………………………………………… 43

1 抵抗RとリアクタンスXとの直列回路

直列回路　図1・1のように抵抗R，リアクタンスXの**直列回路**に交番電圧Eを加える回路を考えよう．インダクタンスをL，静電容量をC，角周波数をωとすれば，R, L, C, ω, $\dot{E}$さらにリアクタンスは$\pm jX$と変化し得る量がある．これらの変化によるベク

ベクトル軌跡　トルの**軌跡**がこれからのテーマであるが，ωを一定とすれば，L, Cの変化の代わりに，リアクタンス$X=\omega L$あるいは$1/\omega C$が変化することを考えればよいことはいうまでもあるまい．そのとき，インピーダンス$\dot{Z}$および電圧$\dot{E}$と電流$\dot{I}$との関係は次式で示される．

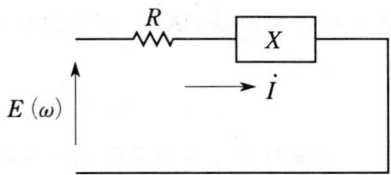

図1・1

$$\dot{Z} = R \pm jX \tag{1・1}$$
$$\dot{E} = R\dot{I} \pm jX\dot{I} = (R \pm jX)\dot{I} = \dot{Z}\dot{I} \tag{1・2}$$

この両式を基にしてつぎのことが考えられるのでこれらについて考察を進めよう．なお以下電流$\dot{I}$や電圧$\dot{E}$のようなドット（・）のついた文字はベクトル量を示し，I, Eのような細字はそのベクトルの大きさだけを示すこととする．

(a) Xが一定で，Rが0から∞まで変化するときの$\dot{Z}$および$\dot{E}$の軌跡

（ただし，$\dot{I}$一定）

(b) Rが一定で，Xが0から∞まで変化するときの$\dot{Z}$および$\dot{E}$の軌跡

（ただし，$\dot{I}$一定）

(c) $\dot{E}$とXが一定で，Rが変わるときの$\dot{I}$と$\dot{Y}$の軌跡

(d) $\dot{E}$とRが一定で，Xが変わるときの$\dot{I}$と$\dot{Y}$の軌跡

1・1　Xが一定，Rが0→∞の$\dot{Z}$, $\dot{E}$の軌跡
（ただし，$\dot{I}$は一定）

誘導リアク　まず簡単のためXとしては**誘導リアクタンス**を考え，Rと自己インダクタンスLの

タンス　回路としよう．このときベクトル図は図1・2上側に示すように，$\dot{I}$を基準ベクトルと

基準ベクトル　するとリアクタンス降下$jX\dot{I}$はjが付いているから$\dot{I}$より90°進み一定長$\overrightarrow{OA}$，抵抗降下は$\dot{I}$と同相で$\overrightarrow{AB}$と描け，$\dot{E}$ベクトルは$\overrightarrow{OB}$となる．

1　抵抗RとリアクタンスXとの直列回路

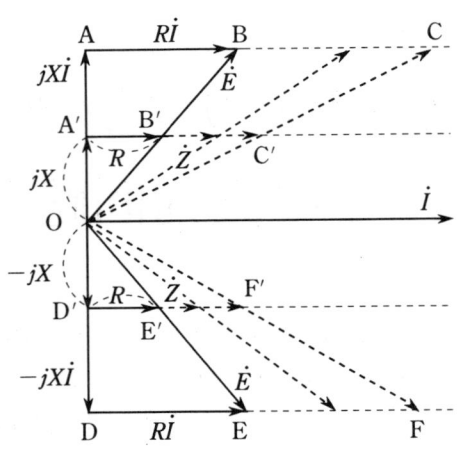

図1・2

さてRが0のときは$\dot{E}$は$\overrightarrow{OA}$に一致し、Rが0から∞まで増加するにつれて$\dot{E}$の先端は$\overrightarrow{ABC}$線上を右側へ移動するであろう。すなわちRが0から∞まで変化するときの$\dot{E}$ベクトルの先の軌跡（以下、単に$\dot{E}$の軌跡という。他のベクトルについても同様）は、A点から右方へ無限にのびる半無限直線となる。

また$\dot{Z} = R + jX$の軌跡は$\overrightarrow{OA'} = jX$の点から、右方B'C'とのびた半無限直線となることも明らかであろう。

つぎにリアクタンスとしては、容量リアクタンスと考えて、Rと静電容量Cの直列回路と考えると、**容量リアクタンスの大きさは$X = 1/\omega C$で、記号法では$-j(1/\omega C) = -jX$と表されるので、$R-L$の直列回路でのjXの代わりに$-jX$と置いた関係となり、ベクトル軌跡は図1・2下側に示すように、横軸を境として折返した形となる。

1・2　Rが一定、Xが$0 \to \infty$の$\dot{Z}$、$\dot{E}$の軌跡
（ただし、$\dot{I}$は一定）

初めはXとして誘導リアクタンスを考えRと自己インダクタンスLの回路としよう。

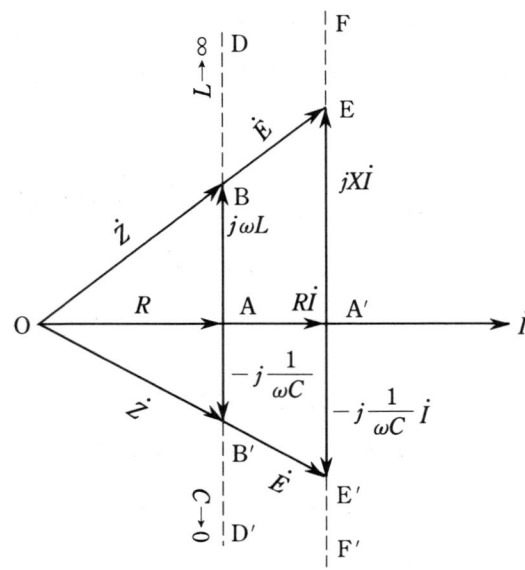

図1・3

$\dot{E}$ ベクトル

このときは図1·3のように$\dot{I}$を基準ベクトルとして，抵抗降下$R\dot{I}$は$\dot{I}$と同相で一定長$\overrightarrow{OA'}$，リアクタンス降下$jX\dot{I}$は大きさXIで，jが付いているから$\dot{I}$ベクトルよりも90°進み$\overrightarrow{A'E}$と描け，$\dot{E}$ベクトルは$\overrightarrow{OE}$となる．さてXが0のときは$\dot{E}$は$\overrightarrow{OA'}$に一致し，Xが増すにつれて$\dot{E}$ベクトルの先端はA'EF線上を上方へ移動するであろう．したがって，Xだけが0から∞まで変化するときの$\dot{E}$の軌跡はA'点から上方へのびる

半無限直線

半無限直線となる．また$\dot{Z}=R+jX$の軌跡は$\overrightarrow{OA'}=R$の点から上方にのびた半無限直線であることも明らかであろう．

つぎにリアクタンスが$-jX$となる$R-C$直列回路では1·1で示しておいた事柄から，図1·3の$\dot{I}$ベクトルの下側に示すように，横軸を境として折返したような形となる．

またL，Cが共存する場合では図1·3で$\overrightarrow{AB}$をωLにとり，BAB'D'と下方にたどる半無限直線，C一定でL可変の場合は，$\overrightarrow{AB'}=1/\omega C$にとり，B'ABDと上方にたどる

$\dot{Z}$ の軌跡

半無限直線が$\dot{Z}$の軌跡となることは明らかで，いずれも$\omega L=1/\omega C$となれば$\dot{Z}$は$\overrightarrow{OA'}$に一致する．また$\dot{E}$の軌跡も相似であることも明らかであろう．

1·3 $\dot{E}$とX一定，Rが変わるときの$\dot{I}$と$\dot{Y}$の軌跡

例によりリアクタンスXとしては誘導リアクタンスを考えてゆく．まず$\dot{I}$を求めているのであるから，$\dot{I}$を直接的に表す関係式を知る必要があろう．それには（1·2）式の左右両辺を一定値のjXで割れば，($1/j=-j$であることを考えれば直ちに）

$$-j\frac{\dot{E}}{X}=-j\frac{R}{X}\dot{I}+\dot{I} \qquad (1·3)$$

が得られる．さてこの式をみると左辺の値は一定値$\dot{E}/X$であるから，$\dot{E}$ベクトルを基準にとれば$\dot{E}$を水平に描き，$-j\dfrac{\dot{E}}{X}$には$-j$が付いているから，$\dot{E}$ベクトルより90°遅れた向きに一定の$\dfrac{E}{X}$の長さに引けば，$-j\dfrac{\dot{E}}{X}$である．

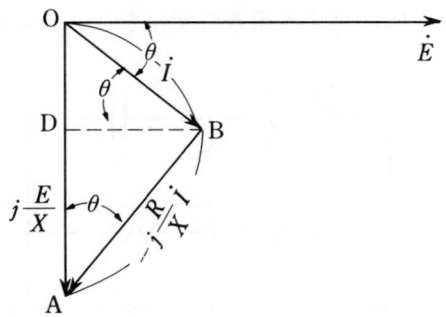

図1·4

図1·4の$\overrightarrow{OA}$がそれである．さらに右辺の第一項は$-j$が付いているから第二項$\dot{I}$より90°遅れており，両者のベクトル和が$\overrightarrow{OA}$になればよいわけである．そこで$\dot{I}$が

$\dot{E}$ より θ だけ遅れているとして $\dot{I}$ を $\overrightarrow{\mathrm{OB}}$ にとれば，$\overrightarrow{\mathrm{BA}}$ が $-j\dfrac{R}{X}\dot{I}$ を示し，かつ $\angle\mathrm{OBA}=90°$ とならねばならないわけである．ところで R が変化したため $\dot{I}$ の値や位相が変化しても回路の基本的条件として $\angle\mathrm{OBA}$ はつねに $90°$ でなければならないから，$\dot{I}$ ベクトルの先端は一定値 $\overrightarrow{\mathrm{OA}}$ を直径とする右方の半円上になければならないのである．（この証明は【例2】にゆずる）．

$\dot{I}$ ベクトル

$\dot{I}$ の軌跡

したがって，この半円が R が変化したときの $\dot{I}$ の軌跡であり，図1·4から明らかなように，$\tan\theta=\dfrac{\overrightarrow{\mathrm{OB}}}{\overrightarrow{\mathrm{AB}}}=\dfrac{X}{R}$ $\therefore$ $\theta=\tan^{-1}\dfrac{X}{R}$ で，$R=0$ のとき $\theta=90°$ で，$\dot{I}$ は $\overrightarrow{\mathrm{OA}}$ と一致し，$R=\infty$ のときは $\theta=0$ となり，$\dot{I}$ は原点 O に一致する．

つぎに (1·3) 式の両辺を $\dot{E}$ で割れば，

$$-j\dfrac{1}{X}=-j\dfrac{R}{X}\dot{Y}+\dot{Y} \qquad (1\cdot 4)$$

$\dot{Y}$ の軌跡

であるからアドミタンス $\dot{Y}$ の軌跡は $1/X$ の長さを直径とした図1·4とまったく同様の半円となることも明らかであろう．

最大電力

【例1】 抵抗 R，インダクタンス L なる直列回路に交番電圧 E を印加するとき，抵抗 R が変化して最大電力を消費するときの条件を求めよ．

【略解】 一般的には，I^2R を求めて数学的に処理するわけであるが，ベクトル軌跡を使ってみると回路状態とあわせてはっきりと把握できる例である．

この場合のインダクタンス L によるリアクタンスを X とするとベクトル図は図1·4で，電力 P は $EI\cos\theta$ で表され，E は一定値であるから，$I\cos\theta$ が最大のとき P は最大となる．ところで図1·4で $I\cos\theta$ は B 点から $\overrightarrow{\mathrm{OA}}$ に下した垂線 $\overrightarrow{\mathrm{BD}}$ の長さである．したがって，この垂線は B 点が半円の中央にきて，$\overrightarrow{\mathrm{BD}}$ がちょうど半径に等しいときに最大である．するとそのとき $I\cos\theta=\dfrac{1}{2}\cdot\dfrac{E}{X}$ で，このとき $\theta=\dfrac{\pi}{4}$ であるから，$\theta=\tan^{-1}\dfrac{X}{R}$ の関係から，$R=X$ となる．したがって最大電力は $P_m=E\times\dfrac{1}{2}\cdot\dfrac{E}{X}=\dfrac{1}{2}\cdot\dfrac{E^2}{X}=\dfrac{1}{2}\cdot\dfrac{E^2}{R}$ ということになる．

【例2】 抵抗 r，R およびコンデンサ C よりなる図1·5のような回路網の端子 ab 間に一定交流電圧 E_0 を加え，抵抗 R の値を加減するとき，端子 cd 間に生ずる電圧 E の大きさおよび電圧 E_0 に対する相差の変化をベクトル図により説明せよ．

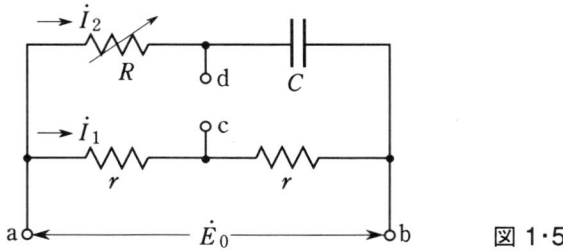

図1·5

【解説】 $r-r$ を通ずる電流を $\dot{I}_1$，$R-C$ を通ずる電流を $\dot{I}_2$ とすると $\dot{I}_1=\dot{E}_0/2r$ で c 点の電位は $\dot{E}_0$ を $r-r$ で分圧された値 $\dot{E}_0/2$ に，R の変化にかかわらず固定される．

一方，$\dot{I}_2 = \dot{E}_0 \Big/ \left(R - j\dfrac{1}{\omega C} \right)$ で，求める電圧 $\dot{E}$ は，

$$\dot{E} = r\dot{I}_1 - \left(-j\dfrac{1}{\omega C} \right)\dot{I}_2 = \dfrac{\dot{E}_0}{2} + \dfrac{j\dfrac{1}{\omega C}}{R - j\dfrac{1}{\omega C}}\dot{E}_0$$

$$= \dfrac{\dot{E}_0}{2}\left(1 + \dfrac{j\dfrac{1}{\omega C} \times 2}{R - j\dfrac{1}{\omega C}} \right) = \dfrac{\dot{E}_0}{2}\left(\dfrac{R - j\dfrac{1}{\omega C} + j\dfrac{2}{\omega C}}{R - j\dfrac{1}{\omega C}} \right)$$

$$= \dfrac{\dot{E}_0}{2} \cdot \dfrac{R + j\dfrac{1}{\omega C}}{R - j\dfrac{1}{\omega C}} = \dfrac{\dot{E}_0}{2} \cdot \dfrac{1 + j\dfrac{1}{\omega CR}}{1 - j\dfrac{1}{\omega CR}}$$

さて一般にベクトル $a + jb$ を $A\varepsilon^{j\theta}$，その共役数 $a - jb$ を $A\varepsilon^{-j\theta}$ で表せば前式はつぎのようになる．

$$\dot{E} = \dfrac{\dot{E}_0}{2} \cdot \dfrac{A\varepsilon^{j\theta}}{A\varepsilon^{-j\theta}} = \dfrac{\dot{E}_0}{2}\varepsilon^{j\theta - (-j\theta)} = \dfrac{\dot{E}_0}{2}\varepsilon^{j2\theta}$$

$$\theta = \tan^{-1}\dfrac{\dfrac{1}{\omega C}}{R} = \tan^{-1}\dfrac{1}{\omega CR}$$

$\dot{E}_0$基準の
ベクトル図

以上の結論にしたがって $\dot{E}_0$ を基準としてベクトル図を描くと**図1・6**のようになる．

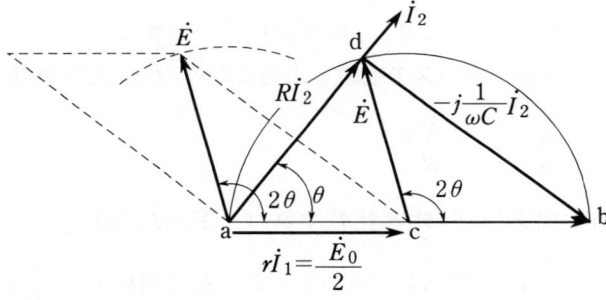

図1・6

すなわち，$\dot{E} = \dot{E}_0 \varepsilon^{j2\theta}/2$ の θ の変化による軌跡は一定値 $\dot{E}_0/2$ を半径とした円となることは明らかで，θ は R が0または∞で0°または90°であるから移相される範囲は0°より180°までで，ベクトル軌跡の実在する範囲は半円となるわけである．

ここで注意していただきたいことは，$R\dot{I}_2$ と $(-j\dot{I}_2/\omega C)$ はつねに90°の相差を保ち，そのベクトル和は一定値 $\dot{E}_0$ となっており，RI_2 あるいは $(I_2/\omega C)$ の大きさが変わっても上記の関係は変わらず，その90°相差を有するベクトルの交点dの軌跡も半円となっている点である．図1・4でも同様の関係から軌跡は半円となったのである．また図1・6は X として容量リアクタンスを考えた場合のベクトル軌跡でもある．

1・4　$\dot{E}$ と R 一定，X が変わるときの $\dot{I}$ と $\dot{Y}$ の軌跡

RC直列回路

X として容量リアクタンスをとり $R-C$ 直列回路とすると，$\dot{E} = R\dot{I} - j\dot{I}/\omega C$ でこれは図1・6と同様の形となるので，ここでは誘導リアクタンスとすると次式を得る．

1 抵抗 R とリアクタンス X との直列回路

$$\frac{\dot{E}}{R} = \dot{I} + j\frac{X}{R}\dot{I} \qquad (1\cdot 5)$$

この $(1\cdot 5)$ 式の意味は，右辺の第2項 $j\dfrac{X}{R}\dot{I}$ は第1項 $\dot{I}$ よりも $90°$ 位相が進んでおり，両項のベクトル和が左辺の一定値 $\dot{E}/R$ であるという関係である．したがって**図1・7**のように $\dot{E}$ ベクトルを基準にとってこれを水平に引き，その方向に $\dot{E}/R$ の長さに等しく $\overrightarrow{OA}$ をとり，$\dot{I}$ の $\dot{E}$ よりの遅れ角を θ とし，$\dot{I}$ の長さに等しく $\overrightarrow{OB}$ をとれば，$\overrightarrow{BA}$ が $j\dfrac{X}{R}\dot{I}$ に相当し，また $\angle OBA = 90°$ でなければならない．X が変化したため $\dot{I}$ の大きさおよび位相が変化しても $\angle OBA$ はつねに直角で，なお上述の関係がなければならないから $\dot{I}$ ベクトルの先端は $\overrightarrow{OA}$ を直径とする下方の半円上にあらねばならないことは明らかであろう．この半円が X が変化したときの $\dot{I}$ の軌跡である．

$\dot{I}$ ベクトル
$\dot{I}$ の軌跡

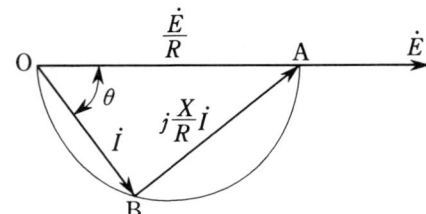

図 1・7

ところで

$$\tan\theta = \frac{\overrightarrow{OA}}{\overrightarrow{OB}} = \frac{X}{R} \qquad \theta = \tan^{-1}\frac{X}{R}$$

R は一定だから，$X=0$ のときは $\theta=0$ となり，$\dot{I}$ ベクトルは $\overrightarrow{OA}$ に一致し，$X=\infty$ のときは $\theta=90°$ となり，$\dot{I}$ は原点 O に一致する．

アドミタンス軌跡

つぎにアドミタンスの軌跡を求めるため $(1\cdot 5)$ 式の両辺を $\dot{E}$ で割れば次式が得られる．

$$\frac{1}{R} = \dot{Y} + j\frac{X}{R}\dot{Y} \qquad (1\cdot 6)$$

$(1\cdot 6)$ 式を $(1\cdot 5)$ 式と比較すれば，$\dot{Y}$ が $\dot{I}$ に相当し，$\dfrac{1}{R}$ が $\dfrac{\dot{E}}{R}$ に相当している．

$\dot{Y}$ の軌跡

したがって $\dot{Y}$ の軌跡は，**図1・7**とまったく同様に，$\dfrac{1}{R}$ の長さを水平にとり，これを直径とした下方の半円であって，$X=0$ のときは $\dfrac{1}{R}$ に一致し，$X=\infty$ のときは $Y=0$ となる．

【問1】 抵抗 R，静電容量 C の直列回路に一定交番電圧 E を印加するとき，C を 0 より ∞ まで変化するときの電流 I のベクトル軌跡を求めよ．ただし R は一定とする．

【問2】 【例2】において，「抵抗 R を加減するとき」とあるのを「コンデンサ C の値を加減するとき」と変更した図1・8の場合はどうなるか．

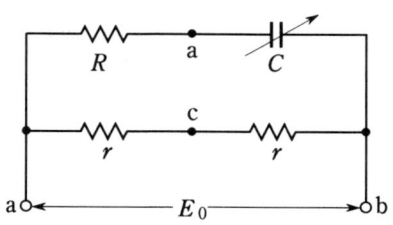

図 1・8

【問3】 抵抗RとインダクタンスLの直列接続のインピーダンスにおいてRと角速度ωとを一定とし，Lを可変とするとき，このインピーダンスのベクトルの先端の軌跡を描け．

【問4】 抵抗RとインダクタンスLの直列接続のインピーダンス$\dot{Z}=R+j\omega L$において，ωLを一定とし，Rだけが変化するとき，アドミタンス$\dot{Y}=1/\dot{Z}$のベクトルの先端が描く軌跡は，半円であることを証明せよ．

【問5】 R-X直列回路にて，Rを一定にしてXが変化する場合に消費電力が最大となる条件を求む．ただし印加電圧Eは一定とする．

1・5 ツーロン (Toulon) 氏の移相回路

ツーロン回路
移相ブリッジ回路

【例2】の図1・5，【問2】の図1・8などはToulon氏が示した移相回路の一例で，ツーロン回路，ブリッジ回路を構成しているので**移相ブリッジ回路**などと呼ばれている．実際上はc点の電位は抵抗分圧によらなくても，変圧器の中間タップによってもよいので，$R-C$, $R-L$の組合せにより，図1・9 (a)(b)(c) の回路が使われ，可変要素のRとしてはトランジスタ，Lとして可飽和リアクトルなどが使われている．

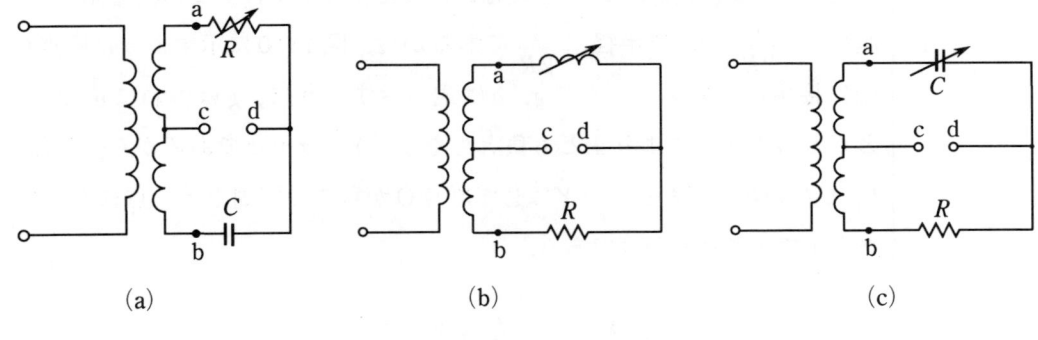

図 1・9

理想的には，【例2】に準じて解けばよく，0°～180°までcd間電圧が大きさを変えずに移相されると理解されてよいが，実際上は，cd間になんらかのインピーダンスが接続され，電流を通ずるし，R, L, Cも理想どおりではないので，**移相範囲**も0°～180°よりは，よほど小さくなるのが現実である．

移相範囲

1・6 R, L, C直列回路の$\dot{Y}$の軌跡

以上で，R, L直列回路の$\dot{Y}$の軌跡は下半円，R, C直列回路では上半円となることを知ったが，L, Cが共存する場合には，上・下半円が連続して円となるのではないかと想像される．以下これらについて考察しよう．

$\dot{Y}$は$\dot{Z}$の逆数であるから，$\dot{Y}=1/\dot{Z}=1/(R+j\omega L-j/\omega C)$の分母を有理化すれば，

$$\dot{Y}=\frac{R}{R^2+\left(\omega L-\frac{1}{\omega C}\right)^2}+j\frac{-\left(\omega L-\frac{1}{\omega C}\right)}{R^2+\left(\omega L-\frac{1}{\omega C}\right)^2}$$

$$=g+jb$$

コンダクタンス

$$g=\frac{R}{R^2+\left(\omega L-\frac{1}{\omega C}\right)^2} \quad \text{コンダクタンス}$$

サセプタンス

$$b=\frac{-\left(\omega L-\frac{1}{\omega C}\right)}{R^2+\left(\omega L-\frac{1}{\omega C}\right)^2} \quad \text{サセプタンス}$$

ところで

$$g^2+b^2=\frac{1}{R^2+\left(\omega L-\frac{1}{\omega C}\right)^2}=\frac{g}{R}$$

$$\therefore \quad \left(g-\frac{1}{2R}\right)^2+b^2=\left(\frac{1}{2R}\right)^2 \tag{1·7}$$

円の中心
半径

(1·7)式はgを横軸に，bを縦軸にとった座標上では一つの円を示し，円の中心の座標は$\left(\frac{1}{2R},\ 0\right)$で半径は$\frac{1}{2R}$であるから，図1·10に示すように原点Oにおいて$b$軸に接する円である．さて$g,\ b$は式の示すように，$g$はつねに正であるが，$b$は$L$と$C$との大きさにより正とも負ともなる．$\dot{Y}=g+jb$であるから，一般にいえば$R$，$L$，$C$がいかに変わっても$\dot{Y}$は必ず原点Oからこの円周上の一点に向かって引いたベクトルで示されるわけである．

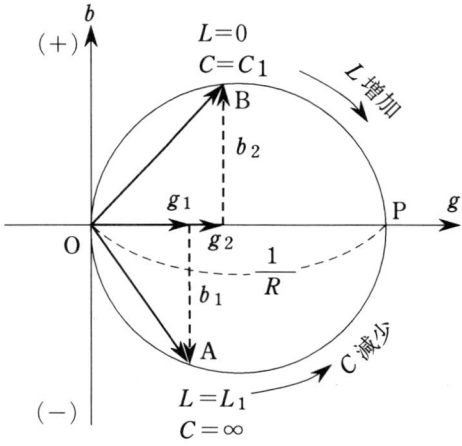

図1·10

いま$R=0$とすれば円の半径は∞となり$\dot{Y}$の軌跡は無限長のb軸自身と一致するし，また$R=\infty$ではgもbも0となり，$\dot{Y}$は原点Oと一致するから疑問の余地はない．したがって以下にRは一定とし（すなわち円の半径は一定とし），$L,\ C$のうち，いずれか一方が変化する場合を考えてみることにする．

(1) L が一定で C が変わるとき

L が一定値 L_1 で $C=\infty$ のときの g および b の値をそれぞれ g_1, b_1 とすれば，$g_1 = \dfrac{R}{R^2+\omega^2 L_1^2}$，$b_1 = \dfrac{\omega L_1}{R^2+\omega^2 L_1^2}$，このときの $\dot{Y}$ は $\overrightarrow{OA}$ にあたる．C が ∞ から減少するにしたがって，$\dot{Y}$ の先端は $\overrightarrow{CPO}$ の方向に円周上を反時計式に移動して，$C=0$ のとき原点 O に一致する．$C=0$ は回路が切れたことにあたるので当然のことである．

(2) C が一定で L が変わるとき

C が一定値 C_1 で $L=0$ のときの g および b の値をそれぞれ g_2, b_2 とすれば，

$$g_2 = \frac{\omega^2 C_1^2 R}{\omega^2 C_1^2 R^2+1} \qquad b_2 = \frac{\omega C_1}{\omega^2 C_1^2 R^2+1}$$

このときの $\dot{Y}$ は $\overrightarrow{OB}$ にあたる．L が 0 から増加するにつれ，$\dot{Y}$ は $\overrightarrow{BPO}$ の方向に円周上を時計式に移動して，$L=\infty$ のときには原点 O に一致する．$L=\infty$ は回路が切れたことにあたるから，当然のことである．また(1)，(2)を通じて P なる点はサセプタンスが 0 の点であるから $\omega L = \dfrac{1}{\omega C}$ なる関係のある点であることも明らかであろう．

1・7 誘導電動機円線図と最大電力供給の理

【例3】 図1・11のように一定電圧 E の交番電源より抵抗 r, リアクタンス x なる電線路をへて，無誘導抵抗 R に電力を供給している．R のどんな値においてこれに**最大電力**を供給しうるか．なお，電源電圧と供給2端子間の力率を求めよ．

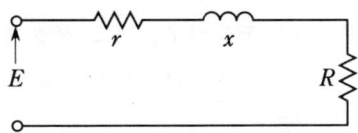

図1・11

【解説】 図1・12(a)のようにベクトル図を描き，x が一定なることに着眼すれば，電流 $\dot{I}$ の軌跡は OaP_1 円弧となることは明らかである．ただし $\overrightarrow{OP_1}$ は $R=0$ なるときの短絡電流 $\dot{I}_s$ で，いま $Z=\sqrt{r^2+x^2}$ とおけば $\overrightarrow{OP_1}=E/Z$ となる．

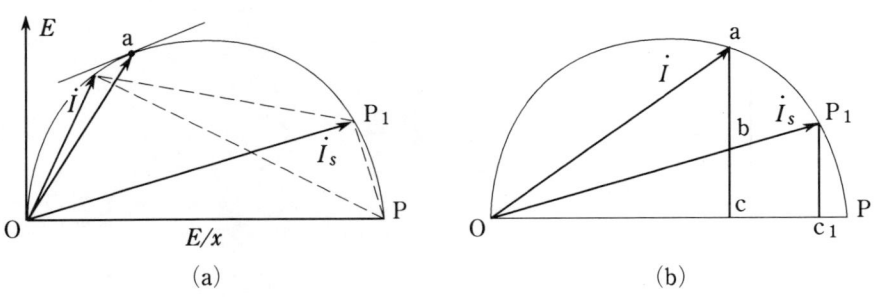

図1・12

さて R での消費電力が最大となる要件を知るためにつぎの工夫をしてみる．すなわち任意の電流 $\dot{I}$ を考え，これと $\dot{I}_s$ とを図(b)のように描く．すると**回路内消費電力**

の $1/E$ はそれぞれ $\overline{ac}$, $\overline{P_1c_1}$ となる．したがって r での消費電力は I^2r および I_s^2r であるから，その比は $I^2:I_s^2$ となる．

$$\therefore\ I^2:I_s^2 = \overline{Oa}^2:\overline{OP_1}^2 = \overline{Oc}\times\overline{OP}:\overline{Oc_1}\times\overline{OP}$$
$$= \overline{Oc}:\overline{Oc_1} = \overline{bc}:\overline{P_1c_1}$$

となって，$\overline{bc}$ は電流 I なるときの r での消費電力の $1/E$ となる．したがって $\overline{ab}$ は R での消費電力の $1/E$ を示すこととなる．よって E は一定であるから，R での消費電力の最大となる a 点の位置は OP_1 に平行な線が円に接する点であることを知る．

この関係から R の値を決定すると，図(a)で四辺形 OaP_1P は円に内接するから

$$(\overline{Oa}\times\overline{PP_1})+(\overline{aP_1}\times\overline{OP}) = \overline{OP_1}\times\overline{aP}$$

これに $\overline{OP}=\dot{I}$, $\overline{PP_1}=(E/Z)\times(r/x)$, $\overline{aP_1}=\overline{Oa}=\dot{I}$, $\overline{OP}=E/x$, $\overline{OP_1}=E/Z$, $\overline{aP}=\dot{I}\times(r+R)/x$ という関係を代入すると

$$IE\frac{r}{Zx}+IE\frac{1}{x}=IE\frac{r+R}{Zx}$$

$$\therefore\ \frac{r+Z}{Z}=\frac{r+R}{Z}$$

すなわち $1=\dfrac{R}{Z}$ $\quad\therefore\ R=Z=\sqrt{r^2+x^2}$

またこの場合の力率はつぎのようになる．

力率　　$\cos\theta = \dfrac{r+\sqrt{r^2+x^2}}{\sqrt{\left(r+\sqrt{r^2+x^2}\right)^2+x^2}}$

力率

【問6】　抵抗 R, コンデンサ C, インダクタンス L を直列にした回路に，周波数 f なる一定電圧 E を加うるとき，R のいかなる値において消費電力 P は最大となるか．ただし C および L は一定とする．

2 逆図形

2・1 逆図形

逆関数
逆ベクトル
逆図形

さてインピーダンス$\dot{Z}$とアドミタンス$\dot{Y}$とは互に**逆関数**関係にあることはご承知のとおりで，$\dot{Z}$ベクトル（軌跡）に対して$\dot{Y}$ベクトル（軌跡）は**逆ベクトル**（軌跡）であるという．そうして$\dot{Y}$ベクトル軌跡は$\dot{Z}$ベクトル軌跡の表す図形の**逆図形**といい，また$\dot{Z}$の軌跡の表す図形は$\dot{Y}$軌跡の表す図形の逆図形であるという．

ところで，実際に$\dot{Z}$の逆図形，$\dot{Y}$の逆図形はどうなっているかといえば，すでに調べたように図1・3，図1・10のようである．すなわち$\dot{Z} = R + j\left(\omega L - \dfrac{1}{\omega C}\right)$において，リアクタンス分$\left(\omega L - \dfrac{1}{\omega C}\right)$の値が変化するとき，ベクトル$\dot{Z}$の先端の描く軌跡は，

$\dot{Y}$ベクトル

y軸からRの距離にあって，これと並行である無限直線となり，$\dot{Z}$の逆数なる$\dot{Y}$ベクトルの先端の軌跡は，x軸上において原点から$\dfrac{1}{2R}$のところに中心を有し，半径が$\dfrac{1}{2R}$で原点Oにおいてy軸に接する円となる．そうして原図形が第1象限に対して逆図形は第4象限に，原図形が第4象限ならば逆図形は第1象限に存在する．

このことは「原点を通らない無限直線の逆図形は原点を通る円であり，原点を通る円の逆図形は原点を通らない無限直線である」ことの一特例である．

2・2 逆図形の描き方

$\dot{Z}$ベクトル

いま，一般に図2・1に示すように，x軸に実数を，y軸に虚数をとれば，原点Oから座標(a, b)なる点Aへ向かって引いたベクトル$\dot{Z}$は，$\dot{Z} = a + jb$で表され，$\dot{Z}$ベクトルの長さは$\sqrt{a^2 + b^2}$で，位相はx軸よりも$\theta = \tan^{-1}\dfrac{b}{a}$だけ進んでいるから，これを$\dot{Z} = \sqrt{a^2 + b^2} \cdot \varepsilon^{j\theta}$と表すことができる．ところで$\varepsilon^{j\theta}$を乗ずることは，そのベクトルの長さを変えないで$\theta$だけ位相を進めることを示すものである（$\varepsilon$は自然対数の基数である）．したがって$\dot{Z}$ベクトルの逆数なる$\dot{Y}$ベクトルは$\dot{Y} = \dfrac{1}{\dot{Z}} = \dfrac{1}{\sqrt{a^2 + b^2}} \cdot \varepsilon^{-j\theta}$

$\dot{Y}$ベクトル

となり，$\dot{Y}$ベクトルは大きさが$\dot{Z}$の長さの逆数であり，位相がx軸よりθだけ遅れているベクトルであることを示している．ゆえにこれを$\overrightarrow{\text{OB}}$と描くことができる．こ

うしてA点の逆に相当するBなる点を線上に求めることができた．つぎに，$\dot{Z} = a + jb$ の a なり b なりの値が変化したため，$\dot{Z}$ の先端Aがある図形を描けば，それに応じて $\dot{Y}$ の先端Bもまたある図形を描くことを知る．したがってこの二つの図形は互いに**逆図形**であるということができる．

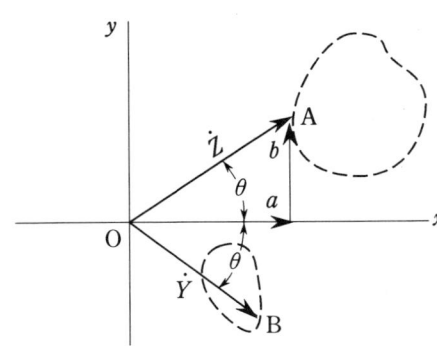

図2・1

2・3 逆図形より RC 回路の周波数応答を求める

図2・2上側のRC回路で入力電圧 E に対して出力電圧，コンデンサCの端子電圧 V_C を求めてみよう．回路のインピーダンスは $\dot{Z} = R - j(1/\omega C)$ であり，通ずる電流 $\dot{I}$ は $\dot{I} = \dot{E}/\{R - j(1/\omega C)\}$ となり，求める $\dot{V}_C$ はつぎのように表せる．

$$\dot{V}_C = \frac{\dot{E}}{R - j\left(\dfrac{1}{\omega C}\right)} \times \left(\frac{1}{j\omega C}\right) = \frac{\dot{E}}{1 + j\omega CR}$$

ここで $CR = T$ （時定数）と置けば $\dot{V}_C / \dot{E}$ は

$$\frac{\dot{V}_C}{\dot{E}} = \frac{1}{1 + j\omega T} = \dot{F}(j\omega)$$

この関係は，RC を一定とすれば ω が可変で，周波数 f なる正弦波で，ある系（ここではRC回路）を駆動したときの（正弦波）応答，すなわち入力電圧に対する出力電圧の関係で，自動制御でいうところの（正弦波）**周波数応答**を表す**周波数伝達関数**を示すもので，上式はいわゆる1次系の場合の関係を示すものである．

周波数応答とは周波数 f が変化するとき系の出力応答がどうなるかということ，ω が変わるとき $\dot{F}(j\omega)$ がどうなるかということで，もし $\dot{F}(j\omega)$ の変化を複素平面で考えれば $\dot{F}(j\omega)$ の**ベクトル軌跡**を描くことであろう．

この場合，$\dot{F}(j\omega) = 1/(1 + j\omega T)$ を真正面から考えると面倒であるので，簡単な形になる $\dot{F}(j\omega)$ の逆関係である $1/\dot{F}(j\omega) = 1 + j\omega T$ のベクトル軌跡から考えてゆこう．いわゆる逆図形から考えるわけである．

ところで $1/\dot{F}(j\omega) = 1 + j\omega T$ （ω 可変）のベクトル軌跡は，いままで示してきたことから，図2・2下側に示すように第1象限の半無限直線となる．さて $\dot{F}(j\omega)$ はこの逆ベクトル軌跡であるから，直径を1（$\omega = 0$）とする第4象限の半円となる．なおこの

−12−

場合には軌跡上にωの値をしるし，ωの増加方向を矢印で示すのが一般である．

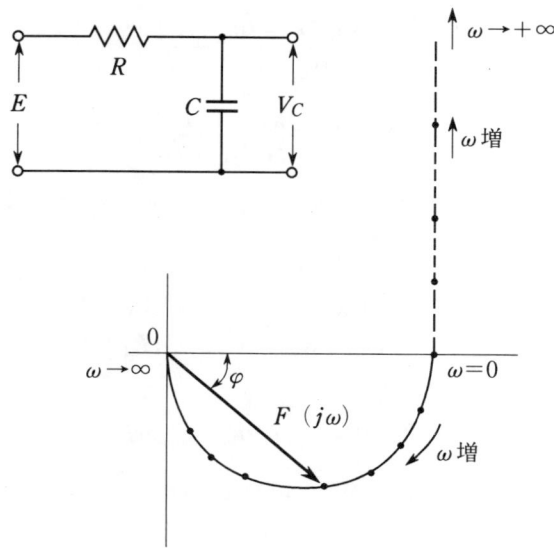

図2・2

なお$\dot{F}(j\omega)$の実数・虚数部分，絶対値，位相角などの計算は通常の複素計算のとおりやればよいのである．

【問7】 図2・2のように抵抗Rと静電容量Cを含む伝達要素に角周波数ωの交流電圧Eを加えたとき，出力電圧がV_Cであった．この場合の周波数伝達関数を求めよ．

【例1】 図2・3のような回路がある．この回路の（周波数）伝達関数を求め，周波数を変化した場合のベクトル軌跡を求めよ．

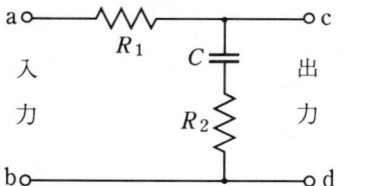

図2・3

伝達関数

【解説】 入力端子ab間に$E_i(j\omega)$なる角周波数ωの正弦波電圧が印加されたとき，出力端子cd間の電圧が$E_0(j\omega)$になるとしよう．$E_0(j\omega)$は$E_i(j\omega)$をR_1と$\left(\dfrac{1}{j\omega C}+R_2\right)$とで分圧し，後者の両端の電圧を取出したものであるから，**伝達関数**を$\dot{G}(j\omega)$とすれば，

$$\dot{G}(j\omega)=\frac{E_0(j\omega)}{E_i(j\omega)}=\frac{R_2+\dfrac{1}{j\omega C}}{R_1+\left(\dfrac{1}{j\omega C}+R_2\right)}=\frac{j\omega CR_2+1}{j\omega C(R_1+R_2)+1}$$

さてこの式に真正面から取組むことは避けて，注意してみると一般につぎの形の式であることがわかるので，このへんを手がかりとしてみることにする．すなわちλを変数，$\dot{A},\dot{B},\dot{C},\dot{D}$を定数として次式のようになろう．

$$\dot{G}(\lambda)=\frac{\dot{A}+\dot{B}\lambda}{\dot{C}+\dot{D}\lambda} \tag{2・1}$$

この$\dot{G}$の軌跡を描きたいとき変数λが分母のみにないと，その変化の状況がつかみ

にくいのでつぎのように変化してみる．

$$\frac{\dot{A}+\dot{B}\lambda}{\dot{C}+\dot{D}\lambda}=\frac{\dot{D}(\dot{A}+\dot{B}\lambda)+\dot{B}\dot{C}-\dot{B}\dot{C}}{\dot{D}(\dot{C}+\dot{D}\lambda)}$$
$$=\frac{\dot{B}}{\dot{D}}+\left(\dot{A}-\frac{\dot{B}\dot{C}}{\dot{D}}\right)\cdot\frac{1}{\dot{C}+\dot{D}\lambda}$$
(2・2)

そこで $\dot{G}(j\omega)$ の式と比較して $\lambda=\omega,\ \dot{A}=1,\ \dot{B}=j\omega CR_2,\ \dot{C}=1,\ \dot{D}=jC(R_1+R_2)$ を代入してみれば，$\dot{G}(j\omega)$ は，

$$\dot{G}(j\omega)=\frac{jCR_2}{jC(R_1+R_2)}+\left\{1-\frac{jCR_2\times 1}{jC(R_1+R_2)}\right\}\frac{1}{1+j\omega C(R_1+R_2)}$$
$$=\frac{R_2}{R_1+R_2}+\frac{R_1}{R_1+R_2}\cdot\frac{1}{1+j\omega C(R_1+R_2)}$$

そこでこの式の右辺の第2項を $\dot{G}'(j\omega)$ とすると，

$$\dot{G}'(j\omega)=\frac{R_1}{R_1+R_2}\cdot\frac{1}{1+j\omega C(R_1+R_2)}$$

$$\dot{G}'(j\omega)\{1+j\omega C(R_1+R_2)\}=\frac{R_1}{R_1+R_2}$$

$$\therefore\ \dot{G}'(j\omega)+j\omega C(R_1+R_2)\dot{G}'(j\omega)=\frac{R_1}{R_1+R_2}$$

すると $\dot{G}'(j\omega)$ のベクトル軌跡は図2・4(a)のように半円O'P'a'で表される．さて $\dot{G}(j\omega)$ は $\dot{G}'(j\omega)$ に $R_2/(R_1+R_2)$ を加算したものであるから，図上では，原点を $OO'=R_2/(R_1+R_2)$ だけずらせた，図(b)のような，原点をOとするO～半円O'P'a' 上にあり，これが求める**ベクトル軌跡**である．

ベクトル軌跡

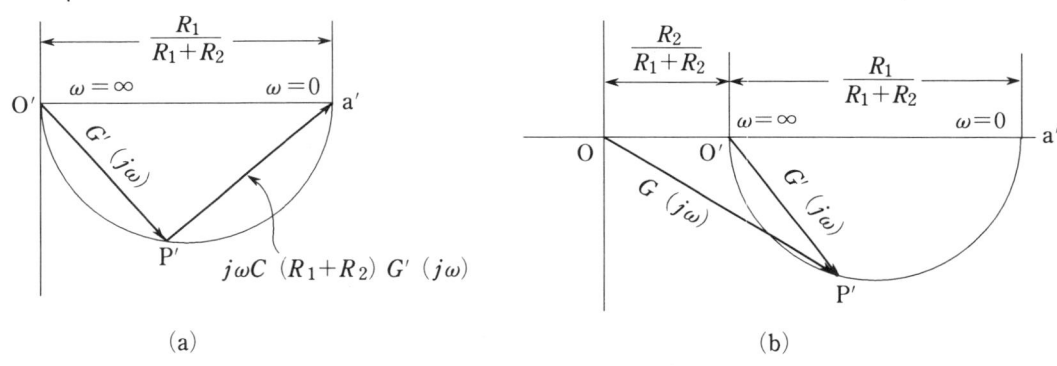

図2・4

> 注　**逆図形と写像***　ここで逆図形というものの考えの基礎になっている事柄を調べておこう．一般に二つの複素数の関数
>
> $$w=u+jv\quad および\quad s=\sigma+j\omega$$
>
> があって，この二つの間につぎの対応
>
> $$w=F(s)=u(\sigma,\ \omega)+jv(\sigma,\ \omega)$$
>
> w は s の複素関数
>
> が存在するとき，この関係を幾何学的に図示するには，二つの複素平面を用意する．そうして s 平面と w 平面とがあって，$w=F(s)$ なる関係から，この二面間の点を

*　注については，初めての方は省略してもよい．

2·3 逆図形より RC 回路の周波数応答を求める

対応させて図示すればよいわけである．（図2·5参照*）

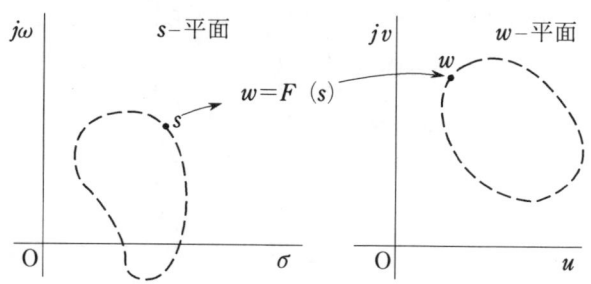

図 2·5

すなわち $w = F(s)$ なる関係のもとに s 平面のある図形に対して w 平面のある定まった図形がただ一つ対応することになる．このことは s 平面の図形を $w = F(s)$ なる関係をレンズとして w 平面に写したと考えられ，一般に**写像**（mapping）といっている．

すると(a)項での逆図形を求めたということは，

$$w = F(s) \text{ の逆関数 } s = f(w)$$

という対応によって，写像を求めたことで，ある特定形式の写像の一例に過ぎないことがわかろう．

なお特定の関数形については写像の関係を調べておくと便利であるが，ここではつぎの形式を調べておこう．

注　$w = \dfrac{1}{s}$ **による写像**　w, s は極形式で表示して，

$$s = r(\cos\theta + j\sin\theta)$$
$$w = R(\cos\varphi + j\sin\varphi)$$

とすれば，表題の関係はつぎのようになる．

$$R(\cos\varphi + j\sin\varphi) = \frac{1}{r(\cos\theta + j\sin\theta)} \left(= \frac{1}{r\varepsilon^{j\theta}}\right)$$

$$= \frac{1}{r}(\cos\theta - j\sin\theta)\left(= \frac{1}{r}\varepsilon^{-j\theta}\right)$$

$$\therefore\quad R = \frac{1}{r},\quad \varphi = -\theta + 2n\pi\ (n;\text{整数})$$

したがって，点 s を知って点 w を求めるにはつぎのようにすれば求められる．まず図2·6のように原点Oと s を結び，その線分上に

$$\overline{\text{O}s}\cdot\overline{\text{O}s'} = 1$$

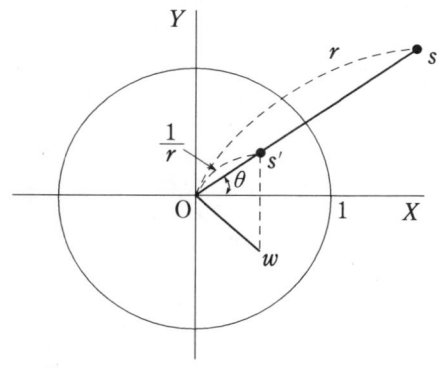

図 2·6

---

* 二つの図形は何も平面を分けて描かなくてもよく関数関係が簡単な場合には同一平面に描かれる．分けて描くということは，図がこみ入らないでつごうがよいのと，概念をしっかりと把握したいためである．

2 逆図形

となるような s' をとり，これを実軸に関して対称の位置 w に移せば，これが s の写像である*．なぜならばこの作図から，

$$\overline{\mathrm{O}w} = \overline{\mathrm{O}s'} = \frac{1}{\mathrm{O}s} = \frac{1}{r}$$

$$\angle \mathrm{XO}w = -\angle \mathrm{XO}s' = -\theta$$

となるからである．

単位円
相反
反転

* 原点 O を中心として半径 1 なる円（**単位円**という）を描いたとしよう．このとき点 s と s' とは単位円に関し**相反**の位置にあるという．また s' と w とは実軸に関し対称の位置にあり，前記した点 s から点 w を求める操作は，単位円および実軸に関する**反転**であるという．

3 R, L, Cのいずれかが変わる場合

【例1】 図3·1のような回路において端子ab間の電圧を一定にし，かつ $2\pi fL = \dfrac{1}{4\pi fC}$ であるとき抵抗Rを加減してもインダクタンスLに通ずる**電流は不変**であることを証明せよ．ただしfは周波数とする．

電流不変

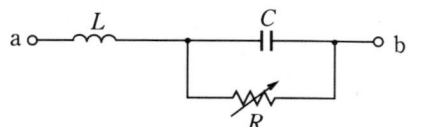

図3·1

【解説】 Lに通ずる電流が不変であるということはab間のインピーダンス$\dot{Z}$の大きさが一定であることである．さてこの回路はCとRとが並列なので $(1/R)$ と $j\omega C$ という**アドミタンス**が並列にあることになり，記号法では

アドミタンス

$$\dot{Z} = jx + \dfrac{1}{\dfrac{1}{R} + j\omega C}$$

で表される．ただし $x = 2\pi fL$ である．そこでこの$\dot{Z}$の式でRが0から∞まで変化したとき$\dot{Z}$ベクトルの先端の描く軌跡がどのようになるかを考えてみよう．

それでまず，第2項の分母 $\dfrac{1}{R} + j\omega C$ の軌跡であるが図3·2のようにy軸上に $\overrightarrow{OA} = \omega C$ なる一定の長さをとり，Aからx軸に平行に**無限半直線** $\overrightarrow{AB}$ を引けばよい．A点は$R=\infty$，無限遠方のB端は$R=0$のときにあたる．この原点を通らぬ無限半直線 $\overrightarrow{AB}$ の逆図形は $\overrightarrow{OD} = \dfrac{1}{\overline{OA}} = \dfrac{1}{\omega C}$ を直径とする $\overset{\frown}{OED}$ なる半円となることは，原点を通らない直線の逆図形を求める方法を考えれば明らかであろう．そして原点Oから半円 $\overset{\frown}{OED}$ 上の任意の点に向かって引くベクトルは，あるRに対する $\dfrac{1}{\dfrac{1}{R} + j\omega C}$ で，$R = 0$のときは原点自身，$R = \infty$のときは $\overrightarrow{OD}$ に相当する．

無限半直線

さて$\dot{Z}$はこれにjxを加えたもので，$\overrightarrow{OO'} = x = 2\pi fL$ なるO'点をy軸上に原点Oより下方にとれば，O'から上述の半円上の一点に達するベクトルが$\dot{Z}$を示すことは明らかである．その理由は $\overrightarrow{O'O} = jx$ であるからである．しかしてO'が半円の中心にあたれば$\dot{Z}$の大きさはRがいかに変化しても一定不変となる．O'が中心にくることは $x = \dfrac{1}{2} \cdot \dfrac{1}{\omega C}$ なること，すなわち $2\pi fL = \dfrac{1}{4\pi fC}$ なることである．

したがってこのような条件があればRをいかに加減しても$\dot{Z}$の大きさは一定で（もちろん$\dot{Z}$の位相角は変わるが），Lに通ずる電流はab間の電圧が一定なる限り不変となる．

—17—

3 R, L, Cのいずれかが変わる場合

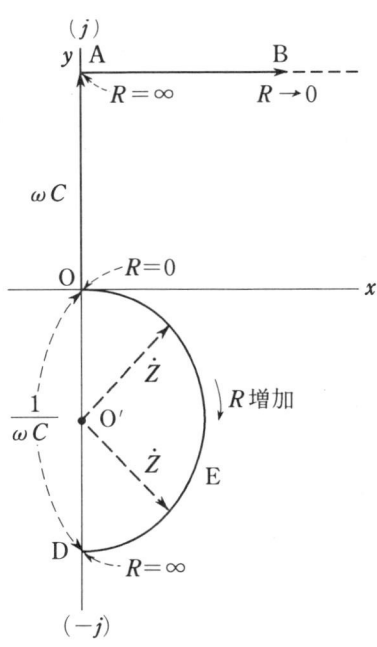

図 3・2

【例2】 一定の抵抗 r, 自己インダクタンス L, 可変コンデンサ C が図 3・3 のように接続されたインピーダンス Z がある. C にどんな値を与えれば $\dot{Z}$ は最大となるか. またこの条件での $\dot{Z}$ の最大値を求めよ. ただし周波数は f とする.

$\dot{Z}$ 最大条件

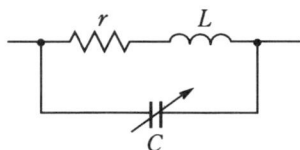

図 3・3

【解説】 この回路のアドミタンスを $\dot{Y}$ とすると $\dot{Z}=1/\dot{Y}$, ところで $r+j\omega L$ なるインピーダンスと $j\omega C$ なるサセプタンスとが並列であり, **合成アドミタンス $\dot{Y}$** は,

合成アドミタンス

$$\dot{Y} = \frac{1}{r+j\omega L} + j\omega C = \frac{1}{\sqrt{r^2+(\omega L)^2}} \cdot \varepsilon^{-j\theta} + j\omega C$$

ただし $\theta = \tan^{-1}\dfrac{\omega L}{r}$

この式の変化はすでに述べたことから明らかと思うが, $(r+j\omega L)$ は長さが $\sqrt{r^2+(\omega L)^2}$ で位相が基準の x 軸よりも $\theta = \tan^{-1}\dfrac{\omega L}{r}$ だけ進んだベクトルで表され, その逆数の $\dfrac{1}{r+j\omega L}$ は, 長さが $\dfrac{1}{\sqrt{r^2+(\omega L)^2}}$ で位相が θ だけ遅れていることからきたものである. また, $\varepsilon^{-j\theta}$ を乗ずることは x 軸より θ だけ遅れた位相にあることを示す.

$\dot{Y}$ ベクトル

ところで $\dot{Z}$ を最大にするには $\dot{Y}$ を最小にすればよいわけである. $\dot{Y}$ ベクトルの先端の軌跡が C の変化につれてどうなるかを図 3・4 に示す. $\dot{Y}$ の第 1 項は長さが一定長の $\dfrac{1}{\sqrt{r^2+(\omega L)^2}}$ で x 軸より θ だけ遅れている. これを $\overrightarrow{OA}$ としよう. 第 2 項は $j\omega C$ であるから C が増すにつれて増加し, かつ j が乗じてあるから y 軸と平行の方に向かう. すなわち A 点は $C=0$ に相当し, C が増すにつれ $\overrightarrow{ABD}$ 上を y 軸と平行に移動し, $C=\infty$ のとき D は無限遠方にゆく. $\dot{Y}$ ベクトルは原点 O からこの $\overrightarrow{ABD}$ 直線上の任意の点に向かって引いたベクトルで表される. $\dot{Y}$ ベクトルの x 成分は $\dot{Y}$ の有効分すなわ

—18—

3 R, L, Cのいずれかが変わる場合

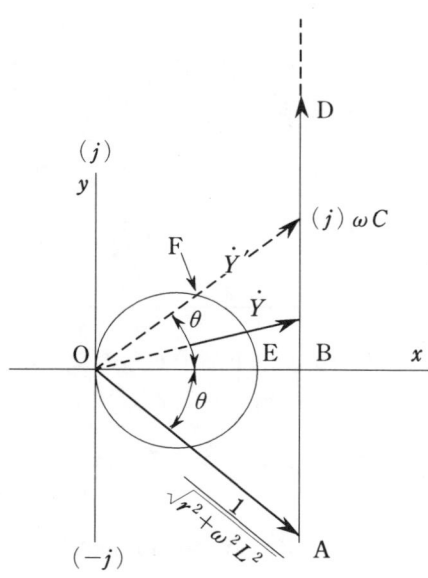

図3・4

コンダクタンス
サセプタンス

ちコンダクタンスであり，y成分は$\dot{Y}$の無効分すなわち**サセプタンス**である．$\dot{Y}$がどこにきてもx成分は$\overrightarrow{\mathrm{OB}}$に等しく一定である．したがって，$\dot{Y}$が最小になるのは$y$成分が0となり，$\dot{Y}$ベクトルが$\overrightarrow{\mathrm{OB}}$と一致したときである．そのときの$C$の値を$C_1$とすれば，$\overline{\mathrm{AB}}=\omega C_1$，$\overline{\mathrm{AB}}=\overline{\mathrm{OA}}\sin\theta$，ところで

$$\sin\theta = \frac{\omega L}{\sqrt{r^2+(\omega L)^2}}$$

であるから，

$$\omega C_1 = \frac{1}{\sqrt{r^2+\omega^2 L^2}} \times \frac{\omega L}{\sqrt{r^2+\omega^2 L^2}} = \frac{\omega L}{r^2+\omega^2 L^2}$$

$$\therefore\ C_1 = \frac{L}{r^2+\omega^2 L^2} = \frac{L}{r^2+(2\pi f L)^2}$$

すなわちCがC_1なる値のとき$\dot{Y}$は最小，したがって$\dot{Z}$は最大となる．このときの$\dot{Z}$の絶対値すなわち大きさをZ_mとすれば，Z_mは$\overline{\mathrm{OB}}$の逆数である．なんとなれば$\overline{\mathrm{OB}}$は$\dot{Y}$の最小値だからその逆数は$\dot{Z}$の**最大値**となる．

$\dot{Z}$の最大値

$$\therefore\ Z_m = \frac{1}{\overline{\mathrm{OB}}} = \frac{1}{\overline{\mathrm{OA}}\cos\theta} = 1 \Big/ \left(\frac{1}{\sqrt{r^2+\omega^2 L^2}} \times \frac{r}{\sqrt{r^2+\omega^2 L^2}}\right)$$

$$= \frac{1}{\dfrac{r}{r^2+\omega^2 L^2}} = \frac{r^2+\omega^2 L^2}{r} = r + \frac{(2\pi f L)^2}{r}$$

この例のようにベクトルの軌跡を用いればCの変化につれ$\dot{Y}$の大きさ，および位相の変化が一目してわかる．

また前記では$\dot{Z}$の最大を求めるのに$\dot{Y}$の最小を用いる間接的な方法をとったが，直接に$\dot{Z}$ベクトルの軌跡を描いてみれば，$\overrightarrow{\mathrm{ABD}}$直線の逆図形として，$\overset{\frown}{\mathrm{FEO}}$なる円弧が得られる．ただしその直径$\overline{\mathrm{OE}}$は$\dfrac{1}{\overline{\mathrm{OB}}}$であり，かつ$\angle \mathrm{FOE}=\theta$であることは明らかである（F点はA点の逆にあたる）．したがって$\dot{Z}$の最大値Z_mはこの円弧の直径$\overline{\mathrm{OE}}$の大きさでなければならない．

$\dot{Z}$ベクトル

3 R, L, C のいずれかが変わる場合

力率100%

【例3】 抵抗 r, リアクタンス x, コンデンサ C を図3·5のように接続した回路で、コンデンサ C のみを加減して、端子 a, b における**力率を100%にする**ためには抵抗 r の値にどのような制限を要するか.

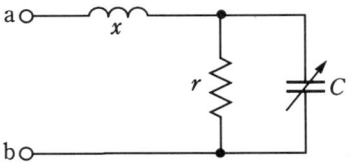

図3·5

【解説】 解決の糸口は a, b 端子からみた力率が100%ということで、ab間の合成インピーダンス $\dot{Z}$ が抵抗分のみをふくみ、リアクタンス分を含んでいないということである.

合成インピーダンス

合成インピーダンス $\dot{Z}$ は、$\dot{Z} = jx + \dfrac{1}{\dfrac{1}{r} + j\omega C}$ であるから、C が変化するときの $\dot{Z}$ の軌跡を調べよう. $\dot{Z}$ の第2項の分母は図3·6のように、C が0から∞にまで変わるにつれて $\overline{OA} = \dfrac{1}{r}$ なる x 軸上のA点から上方に無限にのびる半無限直線 $\overrightarrow{AB}$

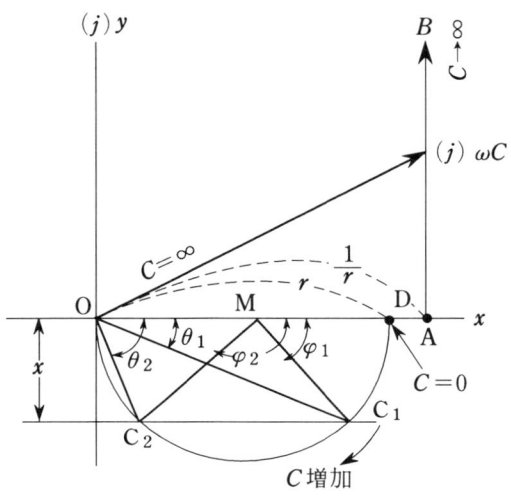

図3·6

である. その逆数である $\dfrac{1}{\dfrac{1}{r} + j\omega C}$ は、$\overrightarrow{AB}$ 直線の逆図形だから、$\overline{OD} = r$ を直径とする下の半円となることは容易にわかる. C が0から∞まで変わるにつれて、それに相当する半円上の各点に向かって原点 O から引いたベクトルが $\dot{Z}$ の第2項である. その

抵抗分
リアクタンス分

ベクトルの x 成分は第2項の**抵抗分**を、y 成分は**リアクタンス分**を表し、その y 成分はつねに負であるから、リアクタンス分が負であることも明らかであろう.

こうして第1項の jx なる正のリアクタンス分を加えて $\dot{Z}$ が定まるが、力率を100%にするためには、横軸から x だけ下方に横軸に平行線を引き、半円との交点を C_1, C_2 とし、C_1, C_2 点に相当するコンデンサ C の値を C_1, C_2 とするとき、C の値を C_1 または、C_2 としたときに初めて力率を100%にすることができるわけである.

x や r の値は一定であるから、いくら C を変えても力率を100%にするためには、前記のような半円と平行線との交点が生じなければならない. これが求めている制限

r の制限

である. したがって r の制限としては、$r \geqq 2x$ でなければならない. そして、$r > 2x$ の場合には図のように力率を100%になしうる C の値は一般に2個ある. また $r = 2x$ なるときは半円と平行線とは1点で接するから、このような C の値はただ一つとな

る．また$r<2x$ならば交点を生じないため，Cをいかに変えてみても$\dot{Z}$の力率を100%にすることはできないわけである．

さて題意の解としては前記まででよいのであるが，ついでに図3・6のように，$r>2x$でC_1，C_2なる二つの交点ができる場合について，このようなC_1およびC_2の値（力率を100%にする）を図形から求めてみよう．

図3・6でMC_1およびMC_2直線がx軸となす角をθ_1およびθ_2とし，また半円の中心Mから引いたOC_1およびOC_2直線がx軸となす角をφ_1およびφ_2とすれば，$\varphi_1=2\theta_1$，$\varphi_2=2\theta_2$であることはすぐわかる．すなわち半円上の任意の点をCとし，それに対する上記のような角を考えれば一般に$\varphi=2\theta$である．

ところで原点Oから半無限直線$\overrightarrow{AB}$上の任意の一点に向かって引いたベクトルがx軸となす角をθとすれば，

$$\tan\theta = \frac{\omega C}{\frac{1}{r}} = r\omega C$$

$$\sin\theta = \frac{\omega C}{\sqrt{\left(\frac{1}{r}\right)^2+\omega^2 C^2}} = \frac{r\omega C}{\sqrt{1+\omega^2 C^2 r^2}}$$

$$\cos\theta = \frac{\frac{1}{r}}{\sqrt{\left(\frac{1}{r}\right)^2+\omega^2 C^2}} = \frac{1}{\sqrt{1+\omega^2 C^2 r^2}}$$

逆図形　さてこのθなる角度は，$\overrightarrow{AB}$の逆図形である半円上では，x軸から下の方へ測られ，また半円の関係から $\sin\varphi = \dfrac{x}{\frac{r}{2}} = \dfrac{2x}{r}$ である．すると$\varphi=2\theta$であるから両方の正弦をとれば$\sin\varphi = 2\sin\theta\cos\theta$となり，これに上記の諸関係を代入すればつぎのようになる．

$$\frac{2x}{r} = 2\times\frac{r\omega C}{\sqrt{1+\omega^2 C^2 r^2}}\times\frac{1}{\sqrt{1+\omega^2 C^2 r^2}}$$

$$\therefore \quad \frac{x}{r} = \frac{r\omega C}{1+\omega^2 C^2 r^2}$$

$$\therefore \quad \omega^2 r^2 x C^2 - \omega r^2 C + x = 0$$

$$\therefore \quad C = \frac{\omega r^2 \pm \sqrt{\omega^2 r^4 - 4\omega^2 r^2 x^2}}{2\omega^2 r^2 x} = \frac{r\pm\sqrt{r^2-4x^2}}{2\omega r x}$$

Cの式をみれば，$r^2>4x^2$すなわち$r>2x$ならば，Cの値は2個あって，いずれも実数であるから，力率を100%になしうるCの値は図3・6のC_1およびC_2に相当する二つあることがわかりつぎのようである．

$$C_1 = \frac{r-\sqrt{r^2-4x^2}}{2\omega r x} \qquad C_2 = \frac{r+\sqrt{r^2-4x^2}}{2\omega r x}$$

また$r=2x$ならばCの値はただ一つで，$C=\dfrac{1}{2\omega x}$　さらに$r<2x$ならばCは虚数となるから力率を100%にするコンデンサCは実在しないことを示している．

3 R, L, Cのいずれかが変わる場合

端子電圧最大

【例4】 図3·7のような交流回路で，コンデンサCの容量を加減して得られるべき抵抗Rの端子電圧の**最大値**を求めよ．ただし電圧E，抵抗R, rおよびリアクタンスxは不変とする．

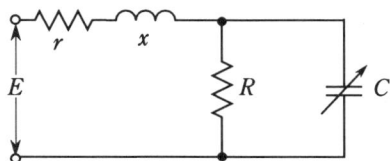

図3·7

【解説】 rとxとの直列インピーダンスを$\dot{Z}_1$，RとCの並列インピーダンスを$\dot{Z}_2$とすれば，

$$\dot{Z}_1 = r + jx \qquad \dot{Z}_2 = \frac{1}{\frac{1}{R} + j\omega C}$$

さて$\dot{Z}_1$と$\dot{Z}_2$の直列回路に電圧Eを加えたときのRの端子電圧を$\dot{V}$（Rの端子電圧はすなわち$\dot{Z}_2$の端子電圧である）とすればつぎのように表せる．

$$\dot{V} = \dot{E} \times \frac{\dot{Z}_2}{\dot{Z}_1 + \dot{Z}_2} = \dot{E} \times \frac{1}{\frac{\dot{Z}_1}{\dot{Z}_2} + 1}$$

ここで$\dot{V}$を最大にするためには分母の$\left(\dfrac{\dot{Z}_1}{\dot{Z}_2} + 1\right)$を最小にすればよいから，これを図形的に研究してみよう．それにはまず$\dfrac{1}{\dot{Z}_2}$を図に描くわけであるが，

$$\frac{1}{\dot{Z}_2} = \frac{1}{R} + j\omega C$$

であって，Rは一定でCが0から∞まで変わるわけで，図3·8のようにx軸の方向に$\overrightarrow{OA} = \dfrac{1}{R}$にとり，A点から上方に向かう半無限直線$\overrightarrow{AB}$を引けば，これが$\dfrac{1}{\dot{Z}_2}$ベクトルの先端の軌跡である．それで$C=0$のときには$\overrightarrow{OA}$が$\dfrac{1}{\dot{Z}_2}$を示す．

つぎに$\dfrac{\dot{Z}_1}{\dot{Z}_2}$を描くには，まずA点をA'点に移す．

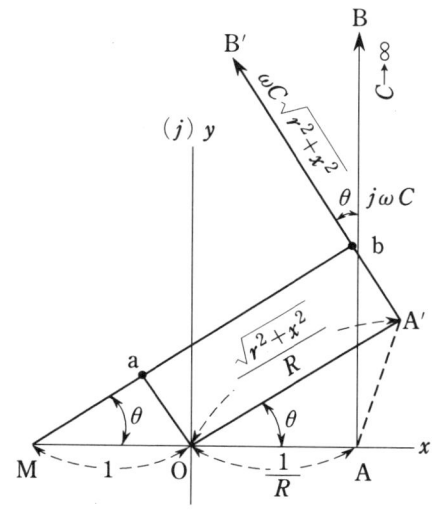

図3·8

3 R, L, C のいずれかが変わる場合

ただし

$$\overline{OA'} = \overline{OA} \times \sqrt{r^2+x^2} = \frac{\sqrt{r^2+x^2}}{R}$$

とし，$\angle A'OA = \theta = \tan^{-1}\dfrac{x}{r}$ とする．

ベクトルを $\dot{Z}_1$ 倍 この理由はつぎのようである．一般にあるベクトルを $\dot{Z}_1$ 倍することは，そのベクトルに $\dot{Z}_1$ の大きさ $\sqrt{r^2+x^2}$ を乗じ，かつ，位相を $\dot{Z}_1$ の位相角 θ だけ偏位させることである．このようなわけで A′ 点は $C=0$ の場合の $\dfrac{\dot{Z}_1}{\dot{Z}_2}$ ベクトルを示す $\overrightarrow{OA'}$ の先端なのである．

つぎに C が 0 から増すにつれて $\dfrac{\dot{Z}_1}{\dot{Z}_2}$ の先端は $\overrightarrow{A'B'}$ 線上を $\omega C\sqrt{r^2+x^2}$ の割合で無限に B′ 点の方へ移動してゆく．ただし $\overrightarrow{A'B'}$ 線は $\overrightarrow{OA'}$ に直角な半無限直線である．したがって $\overrightarrow{A'B'}$ 線は $\overrightarrow{AB}$ よりも θ だけ進んだ位相にある．

このように原点 O から $\overrightarrow{A'B'}$ 線上の任意の一点に向かって引いたベクトルはある C の値に対する $\dfrac{\dot{Z}_1}{\dot{Z}_2}$ を示すことになる．さて，$\dfrac{\dot{Z}_1}{\dot{Z}_2}$ に 1 を加えることは，原点 O を $\overline{OM}=1$ なる M 点に移して，M 点から $\overrightarrow{A'B'}$ 線上の任意の点に向かってベクトルを引けば，それが C の値をいろいろに変えたときの $\left(\dfrac{\dot{Z}_1}{\dot{Z}_2}+1\right)$ を示すわけである．いいかえれば M 点を原点としたときに $\overrightarrow{A'B'}$ 線が，$\left(\dfrac{\dot{Z}_1}{\dot{Z}_2}+1\right)$ ベクトルの軌跡である．

したがって M 点から $\overrightarrow{A'B'}$ 線に至る最短距離を求めれば $\left(\dfrac{\dot{Z}_1}{\dot{Z}_2}+1\right)$ を最小にすることになる．M から $\overrightarrow{A'B'}$ に垂線 $\overline{Mab}$ を下せば，$\overline{Mab}$ の長さ（無名数になる）が $\left(\dfrac{\dot{Z}_1}{\dot{Z}_2}+1\right)$ の最小値となる．

そうして，このときのコンデンサ C の値を求めるためには，まず O 点から $\overline{Mab}$ に垂線 $\overline{Oa}$ を下せば

$$1 \times \sin\theta = \overline{Oa} = \overline{A'b}$$

であり，$\sin\theta = \dfrac{x}{\sqrt{r^2+x^2}}$ また $\overline{A'b} = \omega C\sqrt{r^2+x^2}$ であるから，

$$\frac{x}{\sqrt{r^2+x^2}} = \omega C\sqrt{r^2+x^2}$$

$$\therefore\ C = \frac{x}{\omega^2(r^2+x^2)}$$

これが $\dot{V}$ を最大になし得るコンデンサの容量の値である．

また $\left(\dfrac{\dot{Z}_1}{\dot{Z}_2}+1\right)$ の最小値は $\overline{Mab}$ で，

$$\overline{\text{Mab}} = \overline{\text{Ma}} + \overline{\text{ab}}$$
$$= 1 \times \cos\theta + \frac{\sqrt{r^2+x^2}}{R}$$
$$= \frac{r}{\sqrt{r^2+x^2}} + \frac{\sqrt{r^2+x^2}}{R} = \frac{rR+(r^2+x^2)}{R\sqrt{r^2+x^2}}$$

$\dot{V}$の最大値

したがって$\dot{V}$の最大値V_mはつぎのようになる．

$$V_m = E \times \frac{R\sqrt{r^2+x^2}}{rR+(r^2+x^2)}$$

ここで注意すべきは右辺のEの係数の次元（dimension）は，分子も分母も〔Ω〕という形になっていることである．したがって右辺全体もEと同じ電圧の単位で測られており，次元の点からも前記の結果が裏付けられていることがわかる．

この例題などはj記号法でまともに$\dot{V}$の絶対値を出して，その最大になる条件を数式的に求める方法では相当計算が面倒なのであるが，ベクトル軌跡から理解すれば，非常によくわかる例である（説明は長くしたが）．

【例5】 インダクタンスLおよびコンデンサCを直列に接続したインピーダンスがある．いま図3·9のようにLおよびCのおのおのに相等しい無誘導抵抗Rを並列に

周波数に無関係

接続し，この合成回路を**周波数に無関係**にするためには抵抗Rの値はどうすればよいか．

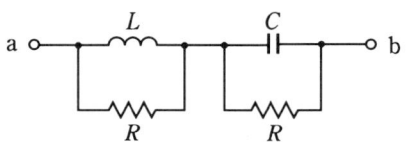

図3·9

合成インピーダンス

【解説】 ab間にはRとLとの並列インピーダンス$\dot{Z}_1$と，RとCとの並列インピーダンス$\dot{Z}_2$とが直列にあり，**合成インピーダンス**は$\dot{Z} = \dot{Z}_1 + \dot{Z}_2$である．周波数したがって角周波数$\omega$が0から∞まで変われば$\dot{Z}_1$も$\dot{Z}_2$もその大きさおよび位相が変化し，しかもその変化状況は単にωだけでなくRの値にももちろん関係するわけである．けれども$\dot{Z}_1$のリアクタンス分は誘導性，$\dot{Z}_2$のリアクタンス分は容量性であるから，Rの値をある適当な値に選定すれば，両方のリアクタンス分が周波数にかかわらず打消し合って，$\dot{Z}$は一定の大きさと位相に保てそうである．

さて，$\dot{Z}$を計算すると，

$$\dot{Z} = \dot{Z}_1 + \dot{Z}_2 = \frac{1}{\frac{1}{R}+\frac{1}{j\omega L}} + \frac{1}{\frac{1}{R}+j\omega C}$$

この式でRがある任意の一定値であると仮定し（Rの適当な値を求めるのだから，Rの値を変化させてみなければならないが，それではωもRも同時に変わり，考察点が混乱してくるから，まずRは任意の一定値と考えωだけ変化させることにする．），ωが0から∞まで変化したとき$\dot{Z}_1$および$\dot{Z}_2$の軌跡を描いてみよう．

3 R, L, Cのいずれかが変わる場合

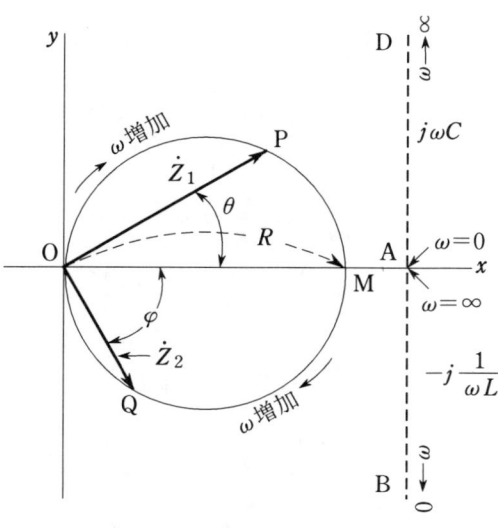

図 3·10

いままでの多くの例から，図3·10においてx軸の方向に$\overrightarrow{AO}=\dfrac{1}{R}$にとれば，$\left(\dfrac{1}{R}+\dfrac{1}{j\omega L}\right)=\left(\dfrac{1}{R}-j\dfrac{1}{\omega L}\right)$および$\left(\dfrac{1}{R}+j\omega C\right)$はそれぞれ$\overrightarrow{AB}$および$\overrightarrow{AD}$なる**半無限直線**となる．したがって，これらの逆図形として，$\dot{Z}_1$の軌跡は$\overset{\frown}{OPM}$なる上の半円，$\dot{Z}_2$の軌跡は$\overset{\frown}{MQO}$なる下の半円で示される．ところでいずれの円も直径$\overline{OM}=R$である．そこでωが0から∞まで変わるにつれて，上の半円では$\dot{Z}_1$の先端は原点Oから Mへと時計式に移動し，下の半円では$\dot{Z}_2$の先端はMからOへとやはり時計式に移動する．そこで任意のωに対する$\dot{Z}_1$ベクトルを$\overrightarrow{OP}$，$\dot{Z}_2$ベクトルを$\overrightarrow{OQ}$で示し，$\overrightarrow{OP}$および$\overrightarrow{OQ}$がx軸となす角をそれぞれθおよびφとすると，つぎのように計算される．

$$\theta = \tan^{-1}\dfrac{\dfrac{1}{\omega L}}{\dfrac{1}{R}} = \tan^{-1}\dfrac{R}{\omega L} \qquad \varphi = \tan^{-1}\dfrac{\omega C}{\dfrac{1}{R}} = \tan^{-1}\omega CR$$

なお，$\theta+\varphi=\dfrac{\pi}{2}$となれば，$\overrightarrow{OP}+\overrightarrow{OQ}=\overrightarrow{OM}$となるから（図を見て研究されよ），$\dot{Z}_1+\dot{Z}_2=\dot{Z}$ベクトルの大きさは$R$で位相は$x$軸と一致し（すなわち力率1），$\omega$のいかんにかかわらず$\dot{Z}$は一定の値となる（$\omega$は任意の角周波数としたから）．

$(\theta+\varphi)$の正接をとってみると，

$$\tan(\theta+\varphi) = \tan\left(\tan^{-1}\dfrac{R}{\omega L}+\tan^{-1}\omega CR\right)$$
$$= \dfrac{\dfrac{R}{\omega L}+\omega CR}{1-\dfrac{CR^2}{L}} = \dfrac{R+\omega^2 LCR}{\omega L-\omega CR^2}$$

となり，$\theta+\varphi=\dfrac{\pi}{2}$なるためには$\omega L-\omega CR^2=0$であればよいことがわかる．すなわち$R=\sqrt{L/C}$である．なぜならば，$R=\sqrt{L/C}$ならば$\omega$の値のいかんにかかわらず，上式の分子は0より大なる正値となり，分母はつねに0であるから，$\theta+\varphi=\dfrac{\pi}{2}$となる．したがって$R=\sqrt{L/C}$ならば$\omega$のいかんにかかわらず$\dot{Z}$の値は$\overline{OM}$の長さ，すなわち$R$に等しく，かつ力率は1なる一定値である．

なお念のために$R=\sqrt{L/C}$であれば，$\dot{Z}=R$となることを直接に式から証明すれば

つぎのようである．

$$\dot{Z} = \cfrac{1}{\cfrac{1}{R} - j\cfrac{1}{\omega L}} + \cfrac{1}{\cfrac{1}{R} + j\omega C}$$

$$= \cfrac{1}{\sqrt{\cfrac{C}{L}} - j\cfrac{1}{\omega L}} + \cfrac{1}{\sqrt{\cfrac{C}{L}} + j\omega C}$$

$$= \cfrac{\left(\sqrt{\cfrac{C}{L}} + j\omega C\right) + \left(\sqrt{\cfrac{C}{L}} - j\cfrac{1}{\omega L}\right)}{\left(\sqrt{\cfrac{C}{L}} + j\omega C\right)\left(\sqrt{\cfrac{C}{L}} - j\cfrac{1}{\omega L}\right)}$$

$$= \cfrac{2\sqrt{\cfrac{C}{L}} + j\left(\omega C - \cfrac{1}{\omega C}\right)}{2\cfrac{C}{L} + j\sqrt{\cfrac{C}{L}}\left(\omega C - \cfrac{1}{\omega L}\right)} = \cfrac{1}{\sqrt{\cfrac{C}{L}}} = \sqrt{\cfrac{L}{C}} = R$$

前記の図式証明は，任意の R を仮定し，ω を変化させたのであるが，つぎに任意の ω を仮定し R を変化させたときのベクトルの軌跡から求めることもできる．

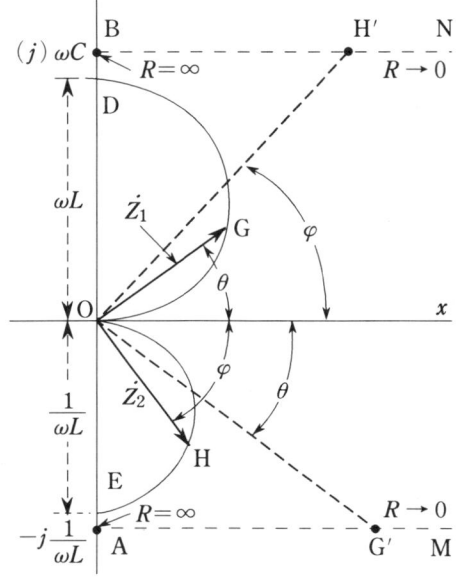

図 3・11

まず R を 0 から ∞ まで変化させたときの $\dot{Z}_1$ および $\dot{Z}_2$ の軌跡は図 3・11 の $\overset{\frown}{OGD}$ と $\overset{\frown}{OHE}$ なる半円となることは，これまでの例からすぐわかろう．そこである任意の R に対する $\dot{Z}_1$ を $\overrightarrow{OG}$，$\dot{Z}_2$ を $\overrightarrow{OH}$ で示し，$\overrightarrow{OG}$ と $\overrightarrow{OH}$ が x 軸となす角をそれぞれ θ および φ とすれば，前と同様にして，

$$\theta = \tan^{-1}\cfrac{R}{\omega L} \qquad \varphi = \tan^{-1}\omega CR$$

そして前と同様の順序により，もし $R = \sqrt{\cfrac{L}{C}}$ ならば，$\theta + \varphi = \cfrac{\pi}{2}$ となり，したがって $\dot{Z}_1 + \dot{Z}_2 = \dot{Z}$ なる $\dot{Z}$ ベクトルは x 軸の方向と一致することが証明される．また $\dot{Z}$ の大きさ Z は $Z_1\cos\theta + Z_2\cos\varphi$ であるが，

$$Z_1 = \overline{OG} = \cfrac{1}{\sqrt{\left(\cfrac{1}{R}\right)^2 + \left(\cfrac{1}{\omega L}\right)^2}} = \cfrac{\omega LR}{\sqrt{R^2 + \omega^2 L^2}}$$

$$Z_2 = \overline{OH} = \frac{1}{\sqrt{\left(\frac{1}{R}\right)^2 + (\omega C)^2}} = \frac{R}{\sqrt{1+\omega^2 C^2 R^2}}$$

$$\cos\theta = \frac{\frac{1}{R}}{\sqrt{\left(\frac{1}{R}\right)^2 + \left(\frac{1}{\omega L}\right)^2}} = \frac{\omega L}{\sqrt{R^2 + \omega^2 L^2}}$$

$$\cos\varphi = \frac{\frac{1}{R}}{\sqrt{\left(\frac{1}{R}\right)^2 + (\omega C)^2}} = \frac{1}{\sqrt{1+\omega^2 C^2 R^2}}$$

であるから,

$$Z = Z_1 \cos\theta + Z_2 \cos\varphi = \frac{\omega^2 L^2 R}{R^2 + \omega^2 L^2} + \frac{R}{1+\omega^2 C^2 R^2}$$

$$= R\left(\frac{\omega^2 L}{\frac{1}{C}+\omega^2 L} + \frac{1}{1+\omega^2 C^2 \frac{L}{C}}\right) = R$$

$\dot{Z}$ベクトル となり，$\dot{Z}$ベクトルの大きさは R に等しく，位相は x 軸と一致する．任意の ω に対して前記の関係が成立するから $R = \sqrt{\frac{L}{C}}$ ならば ω のいかんにかかわらず一定であるということができるわけである．

【問8】 図3·12のような回路に周波数 f の正弦波の一定電圧 E を加えたときに全電流の値を最大にする L の値を求めよ．なおこのとき r に消費される電力はどのような式で示されるか．

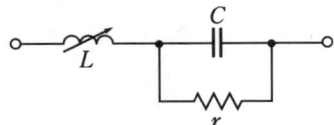

図3·12

【問9】 2個の抵抗と1個の無損失コンデンサとから成る回路において，周波数を変化してその合成インピーダンスを測定したところ図3·13に示すような半円形の軌跡を得た．これから回路の構成と回路素子の値とを求めよ．ただし R は抵抗分，X はリアクタンス分を示す．また ω_0 は容量リアクタンス最大の場合の角周波数であり，R_a, R_i はそれぞれ R の最大値および最小値である．

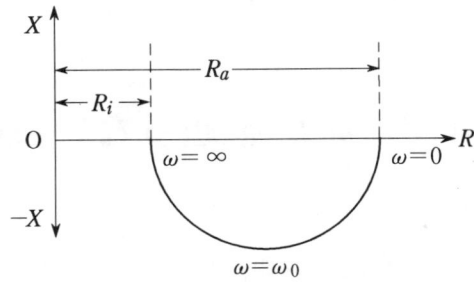

図3·13

4 直線と円の逆図形

3章により，ベクトル軌跡が有用であること，また逆図形を考え，描くことも意外に役立つことがわかったことと思う．さらに一般にある図形の逆図形を描く方法も調べた．そこでもっとも応用の広い直線の逆図形と円の逆図形とについて調べておこう．

4·1 原点を通る無限直線の逆図形

いまある一定の a_0, jb_0 という値を有するベクトル $\dot{A} = a_0 + jb_0$ （ただし $a_0 = 0$ ならば $b_0 = 0$）を考え，これに λ という正負任意の可変実数を乗じた $\lambda\dot{A} = \lambda a_0 + j\lambda b_0 = a + jb = \dot{A}\varepsilon^{j\varphi}$ （$a = \lambda a_0$, $b = \lambda b_0$, $A = |\dot{A}|$, φ 一定で，a, b ともに同率で変わることに注意）というベクトルの軌跡を考えると，これは図4·1でたとえばMON直線となることは明らかであろう．

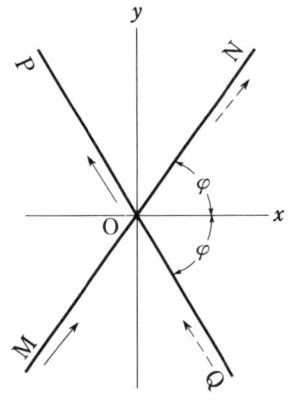

図4·1

逆ベクトル すると，$\dot{A}$ の逆ベクトルは $1/\dot{A} = (1/A)\varepsilon^{-j\varphi}$ であって，やはり，原点を通る無限直線で図4·1のPOQであることは，少し考えれば明らかであろう．

直線の逆図形 すなわち「原点を通る**直線**の逆図形はやはり原点を通る直線である」ことがわかり，その偏角はいずれも一定角度である．

4·2 原点を通らない直線の逆図形

ここで「原点を通らない無限直線の逆図形は原点を通る円であり，原点を通る円の逆図形は原点を通らない無限直線である」ことを説明しておこう．

4・2 原点を通らない直線の逆図形

いま二つの定ベクトル $\dot{A}$, $\dot{B}$ を考え，これに λ を正負任意の可変実数として，$\dot{B}$ に乗じたものと $\dot{A}$ とのベクトル和 $\dot{M}$ を考える．

$$\dot{M} = \dot{A} + \lambda \dot{B}$$

原点を通らない直線 この $\dot{M}$ ベクトルの先端が λ の変化にしたがって描くベクトル軌跡が**原点を通らない直線**である．

原点を通る円 つぎに $\dot{M}$ の逆ベクトル $1/\dot{M} = 1/(\dot{A} + \lambda \dot{B})$ の描くベクトル軌跡が，原点を通る直線の逆図形であるが，これは**原点を通る円**となるものである．

この数式的な一般解がいわゆるベクトル軌跡の一般解であるが，一般の書籍に明らかなことでもあるので，ここでは省略することにする．

なお，$\dot{P} = \dot{C}/(\dot{A} + \lambda \dot{B})$ という形のベクトル軌跡は，定ベクトル $\dot{C} = C_1 + jC_2$ とすれば $\dot{P} = \dot{C}\{1/(\dot{A} + \lambda \dot{B})\}$ となり，$1/(\dot{A} + \lambda \dot{B})$ ベクトルの各位置をすべて，$\sqrt{C_1^2 + C_2^2}$ に拡大し，かつ，$\tan^{-1}(C_2/C_1)$ だけ反時計式方向に偏位させたものであるから，やはり，軌跡は円となるものである．

さらにまた，$\dot{Q} = (\dot{C} + \lambda \dot{D})/(\dot{A} + \lambda \dot{B})$ という形のベクトル軌跡は，分子の λ を消去するために 2 章【例 4】で示したように，

$$\dot{Q} = \frac{\dot{C} - \dfrac{\dot{D}}{\dot{B}}\dot{A} + \dfrac{\dot{D}}{\dot{B}}(\dot{A} + \lambda \dot{B})}{\dot{A} + \lambda \dot{B}}$$

$$= \frac{\dot{D}}{\dot{B}} + \left(\dot{C} - \frac{\dot{A}\dot{D}}{\dot{B}}\right)\frac{1}{\dot{A} + \lambda \dot{B}} = \dot{F} + \frac{\dot{G}}{\dot{A} + \lambda \dot{B}}$$

$$= \dot{F} + \frac{1}{\dot{A}_0 + \lambda \dot{B}_0}$$

ここに $\dot{F} = \dfrac{\dot{D}}{\dot{B}} \qquad \dot{D} = \dot{G} - \dfrac{\dot{A}\dot{D}}{\dot{B}}$

$$\dot{A}_0 = \frac{\dot{A}}{\dot{G}} \qquad \dot{B}_0 = \frac{\dot{B}}{\dot{G}}$$

ベクトル軌跡 と書き改められるので，そのベクトル軌跡は，$1/(\dot{A}_0 + \lambda \dot{B}_0)$ を表す円の原点を $-\dot{F}$ だけ移動すればよく，軌跡はやはり，円となるものである．ただし，$\dot{G} \neq 0$ であるために $\dot{A}\dot{D} \neq \dot{B}\dot{G}$ なる条件が必要である．

ここではとくにインピーダンスやアドミタンスの軌跡と限らずに，一般に図 4・2 のように Ox, Oy なる任意の直交軸を考え，その座標上の無限直線 MN の逆図形を求めてみる．原点 O から $\overline{\rm MN}$ 線に垂線 $\overline{\rm Oa}$ を下し，また $\overline{\rm MN}$ 上の位置の一点 b へ $\overline{\rm Ob}$ 線を引く．$\dfrac{1}{\overline{\rm Oa}} = p$, $\dfrac{1}{\overline{\rm Ob}} = q$ なる p, q を計算し，$\overline{\rm Oa}$ 線や $\overline{\rm Ob}$ 線上またはそれらの延長線上に p, q の長さにそれぞれ等しく，$\overline{\rm Oa'}$ および $\overline{\rm Ob'}$ をとる．ここで注意すべきは p, q はそれぞれ $\overline{\rm Oa}$, $\overline{\rm Ob}$ の逆数であるから，目盛が違うので図 4・2 のように $\overline{\rm Oa'}$ が $\overline{\rm Oa}$ より長く表され，$\overline{\rm Ob'}$ が $\overline{\rm Ob}$ より短く表されても，また，その逆であってもさしつかえないことである．

4　直線と円の逆図形

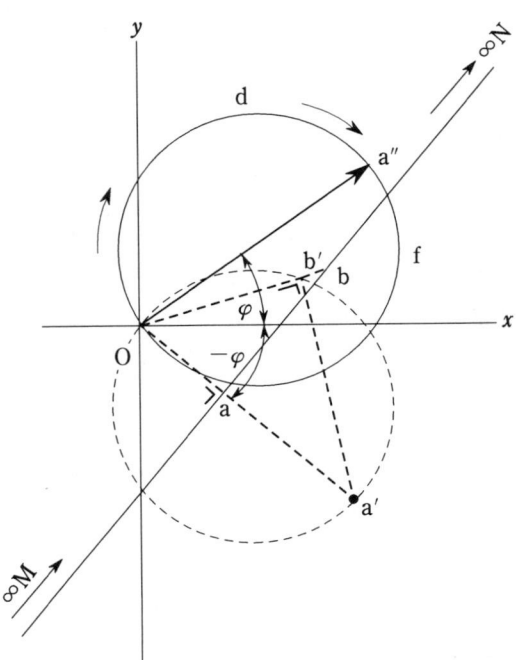

図4·2

　さてここで，△Oabと△Oa′b′とを比較すれば，$\overline{Oa}:\overline{Ob}=\overline{Ob'}:\overline{Oa'}$となり，かつ∠aObは共通であるから二つの三角形は相似形である．よって∠Ob′a′は直角である．
　すなわちb′は$\overline{Oa'}$を直径とする円周上にある．そうして$\overline{Oa}$なる垂線は長さ一定であるから，$\overline{Oa'}$は一定長で一定方向である．b′はこの一定方向の一定長の直線$\overline{Oa'}$を直径とする円周上にあり，bを$\overline{MN}$線上のどこにとっても前記の関係は成立する．すなわち原点Oから$\overline{MN}$線上の各点へ引いた直線上（またはその延長上）にその長さの逆数に相当する点をとってこれらを連ねれば点線で示す円となる．

無限直線の
逆図形

　しかしこの円が直ちに$\overline{MN}$**無限直線の逆図形ではない**．なぜならば，$\overline{Oa}$の先端a点の逆に当たる点は前記のようにa′点ではなく，x軸に対してa′に対称なa″点で，したがって，∠xOa″=∠xOa′，よって直線$\overline{MN}$の逆図形は点線の円をx軸に対しては対称な位置に移した，$\overline{Oa''}$を直径とする実線で示すような円である．
　すなわち原点を通らない無限直線$\overline{MN}$の逆図形は原点を通過する一つの円であって，$\overline{MN}$線上を∞Mから∞Nへ移動するにつれ，それに相当して逆図形上では原点Oから時計式に，Oda″fOの方向に円周上を一回りして再び原点にもどってくる．

原点を通過する
円の逆図形

　また反対にいえば**原点を通過する円の逆図形は原点を通らない無限直線**である．たとえば原点から引いたその円の直径がx軸とφなる偏角で，Dなる長さであれば，この円の逆図形は，x軸と偏角$-\varphi$なる直線に垂直で，かつ，原点から$\frac{1}{D}$の距離に

有限長直線

ある無限直線である．直線が無限長でなく**有限長**ならばその逆図形は円の一部分たる円弧となる．すでにインピーダンスの軌跡が直線で，その逆なるアドミタンスの軌跡が円であることを示したが，ちょうど前記の場合にあたるわけである．さて図4·1に示すような原点を通る無限直線$\overline{MN}$の逆図形はやはり原点を通る$\overline{PQ}$のような無限直線であることは図4·2で$\overline{Oa}$が0，したがって$\overline{Oa''}$が∞になった場合に相当するのである．

—30—

4·3 原点を通らない円の逆図形

4·2で原点を通る円の逆は無限直線になることを示したが、ここで「原点を通らない任意の位置におかれた円の逆図形はまた原点を通らない一つの円である」ことを説明しよう。図4·3でMを中心とする直径$\overline{ab}$なる円がある。この円の逆図形を求めるには、まず原点Oと与えられた円の中心Mとを結ぶ直線が円周と交わる点をa, bとし、同直線上に$\frac{1}{Oa}$に等しく$\overline{Oa'}$をとる。ただし$\overline{Oa'}$や$\overline{Ob'}$の長さの目盛は$\overline{Oa}$や$\overline{OB}$のそれとは異なることは前記のとおりである。円が与えられればa'やb'の点の位置も定まる。

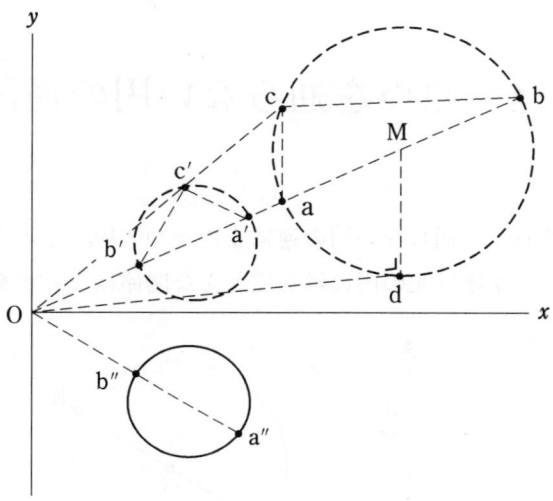

図4·3

つぎに与えられたM円の円周上に任意の一点cをとり、Ocを結ぶ。直線$\overline{Oc}$上に$\frac{1}{Oc}$に等しく$\overline{Oc'}$をとる。ac, bc, a'c', b'c'を結べば、△Oac∽△Oc'a'また△Obc∽△Oc'b'、したがって△a'b'c'∽△abcとなることは容易にわかろう。

そして∠acb=90°であるから、∠a'c'b'=90°である。すなわち$\overline{Oc}$なる任意にとった線分の逆数に等しい長さの$\overline{Oc'}$をその線上にとれば、c'なる点は必ず一定の長さおよび位置の$\overline{a'b'}$線を直径とする点線で示した円周上にある。

しかしこの点線で示した円がabc円の逆図形ではない。abc円の逆図形は、a'b'c'円と同じ大きさを有し、かつ、x軸に対して対称の位置にあるところの$\overline{a''b''}$を直径とする実線で示した円であることはこれまで示したことから明らかである。

そうして

$$\overline{Oa''} = \overline{Oa'} = \frac{1}{Oa}$$

$$\overline{Ob''} = \overline{Ob'} = \frac{1}{Ob}$$

$$\angle aOx = \angle a''Ox$$

$$\overline{a''b''} = \frac{1}{Oa} - \frac{1}{Ob} = \frac{\overline{Ob} - \overline{Oa}}{Oa \times Ob} = \frac{\overline{Ob}}{Oa \times Ob}$$

であるから、与えられた円の半径をr、また中心Mと原点Oとの距離をsとすれ

ば，$\overline{ab} = 2r$，かつ $\overline{Oa} \times \overline{Ob} = \overline{Od}^2$，ただし $\overline{Od}$ は原点Oからabc円へ引いた接線の長さである．そうして $\overline{Od} = \sqrt{s^2 - r^2}$ であるから，前記の諸関係を用いて，つぎの関係が得られる．

$$\overline{a''b''} = \frac{2r}{s^2 - r^2}$$

与えられたabc円がもし，原点を通過するような特殊の場合には，仮にaとOとが一致するものとして，$\overline{Oa} = 0$ ∴ $\overline{Oa''} = \infty$，$s = r$ ∴ $\overline{a''b''} = \infty$，$\overline{Ob''} = \dfrac{1}{2r}$ となる．すなわち原点を通るabc円の逆図形は原点から $\dfrac{1}{2r}$ の距離にある無限直線（円の半径が無限大となった特殊の場合）となってしまい，これは前項に示したことと一致するわけである．

4·4　原点を通らない円の逆円の中心，半径

逆円の中心
逆円の半径

前項で原点を通らない円の逆はまた一つの円となることを示した．その逆なる円の**中心**および**半径**は元の円に対してどんな関係になるかをここで調べてみよう．図4·4

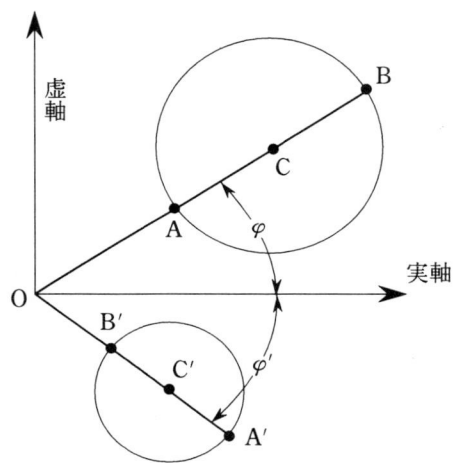

図 4·4

でC円が元の円でC′円がその逆の円とする．原点と各円の中心とを結ぶ直線がx軸となす角は，$\varphi = \varphi'$ であることはもちろんである．そうして原点Oから，A，B，CおよびA′，B′，C′に至る距離を，a，b，c および a'，b'，c' とし，円の半径をRおよびR'とすると，つぎの関係がある．

$$a' = \frac{1}{a},\quad b' = \frac{1}{b},\quad a = c - R,\quad b = c + R$$

$$\therefore\quad R' = \frac{1}{2}(a' - b') = \frac{1}{2}\left(\frac{1}{c-R} - \frac{1}{c+R}\right) = \frac{R}{c^2 - R^2} \tag{4·1}$$

$$c' = b' + R' = \frac{1}{c+R} + \frac{R}{c^2 - R^2} = \frac{c}{c^2 - R^2} \tag{4·2}$$

このようにしてR'とc'とから逆の円の半径と中心とが元の円のそれらから求められるわけである．

5 一般回路のベクトル軌跡

【例1】

(1) 一定起電力 E_0 および一定内部リアクタンス X_0 を有する電源に一定力率 $\cos\varphi$ の可変インピーダンス（誘導性）を接続するとき，これに通ずる**電流のベクトル軌跡**を求めよ．（実在する部分としない部分とを区別明示せよ）．

(2) 上記ベクトル軌跡上に最大出力の点を示し，その値を算出せよ．

【解説】

問題に与えられた回路は図5・1のように表され，負荷は $\dot{Z}$ の可変インピーダンスで，その力率が一定値 $\cos\varphi$ であるから，抵抗分は $Z\cos\varphi$，リアクタンス分は $Z\sin\varphi$ となる．

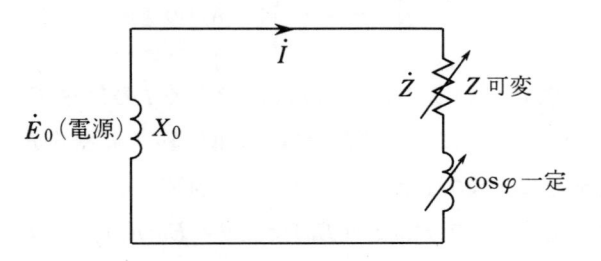

図5・1

さらにインピーダンス $\dot{Z}$ は誘導性であるから記号法で表せば

$$Z\cos\varphi + jZ\sin\varphi$$

したがって電流 $\dot{I}$ はつぎのように表せよう．

$$\dot{I} = \frac{\dot{E}_0}{\dot{Z}_0} = \frac{\dot{E}_0}{jX_0 + Z\cos\varphi + jZ\sin\varphi} = \dot{E}_0 \dot{Y}_0$$

ただし，$\dot{Z}_0$ は電源および負荷を含む全回路のインピーダンス，$\dot{Y}_0$ はアドミタンスである．まず，$\dot{Z}_0$ の軌跡であるが図5・2のように y 軸の方向に $\overrightarrow{OA} = X_0$ をとり，A点から x 軸と φ なる角をなす半無限直線 $\overrightarrow{AB}$ を引けば，$\overrightarrow{AB}$ は $\dot{Z}_0$ の軌跡である．原点Oから $\overrightarrow{AB}$ 上の任意の一点に向かって引いたベクトルが $\dot{Z}_0$ を示し，$\overrightarrow{OA}$ は $Z=0$ のときにあたり，力率が $\cos\varphi$ で Z の値が増すにつれ $\dot{Z}_0$ ベクトルの先端はB点へ向かって移動する*．

つぎに半無限直線 $\overrightarrow{AB}$ の逆図形を描けば $\dot{Y}_0$ の軌跡が得られる．それには $\overrightarrow{AB}$ 直線の延長上へ原点Oから垂線 $\overrightarrow{OM}$ を下せば，$\angle AOM = \varphi$ であるから $\overrightarrow{OM} = X_0\cos\varphi$，よって x 軸に対して $\overrightarrow{OM}$ 線と対称の位置に $\overrightarrow{ON}$ 線を引き（$\angle DON = \varphi$），$\overrightarrow{ON} = \dfrac{1}{\overrightarrow{OM}} = \dfrac{1}{X_0\cos\varphi}$ なる長さを直径として円を作れば，この円が**無限直線の逆図形**であることは4章で説明したとおりである．ただし無限直線たる $\dot{Z}_0$ の軌跡はA点から始まって無限遠方のB点へ向かうものであるから，前記の円の全周が実在する $\dot{Y}_0$ の軌跡を

---

* 4・2で示した $\dot{M} = \dot{A} + \lambda\dot{B}$ のベクトル軌跡であることに注意しよう．

示すものではない．A点の逆にあたる点は円がy軸と交わるD点であるから，$\dot{Y}_0$の実在する部分は$\overparen{OPD}$なる実線で示した円弧である．それで原点Oから$\overparen{OPD}$上の任意の点へ向かって引いてベクトルが任意の$\dot{Z}$の値に対する$\dot{Y}_0$ベクトルを示し，$Z=0$なるときは$\overrightarrow{OD}$ベクトルとなり，$Z=\infty$のときは原点自身にまで縮少してしまう．

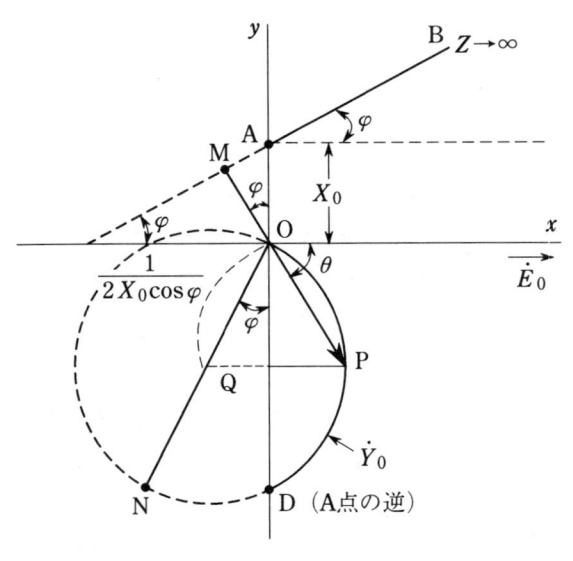

図5・2

$\dot{I}$の軌跡　問題で求めているのは$\dot{Y}_0$の軌跡でなく$\dot{I}$の軌跡であるが，$\dot{I}=\dot{E}_0\dot{Y}_0$であるから，$\dot{E}_0$を$x$軸の方にとれば$\dot{I}$の軌跡は単に$\dot{Y}_0$の軌跡を$E$倍すればよい．すなわち前記の円弧をそのままで$E$倍したものが$\dot{I}$の軌跡となる．

Pの最大値　つぎに電源の出力Pは$P=E_0 I\cdot\cos\theta=E_0\cdot E_0 Y_0\cos\theta=E_0^2 Y_0\cos\theta$であるから，$P$の最大値$P_m$を求めるには$Y_0\cos\theta$が最大となる点を探せばよいわけである．円の中心からx軸に平行な半径を引き，y軸との交点をQとすれば，$\overline{QP}$なる長さが$Y_0\cos\theta$の最大値を示すことは明らかであるからつぎの結果が得られる．

$$\therefore\ P_m = E_0^2\cdot\overline{QP} = E_0^2\left(\overline{CP}-\overline{CQ}\right)$$

$$= E_0^2\left(\frac{1}{2X_0\cos\varphi} - \frac{\sin\varphi}{2X_0\cos\varphi}\right)$$

$$= \frac{E_0^2}{2X_0}\cdot\frac{1-\sin\varphi}{\cos\varphi} = \frac{E_0^2}{2X_0}\cdot\frac{1-\sqrt{1-\cos^2\varphi}}{\cos\varphi}$$

【例2】　図5・3に示すような回路網で，端子a，b間に一定周波数，一定大きさの交流電圧Eを加え，負荷側に可変無誘導抵抗rを接続すると，端子a，bに通ずる電流$\dot{I}$の軌跡は円となることを証明し，かつその中心の位置および半径を求めよ．

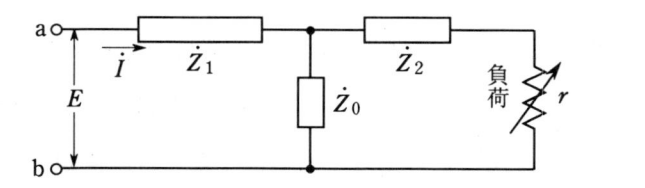

図5・3

ただし，$\dot{Z}_0=r_0+jx_0$, $\dot{Z}_1=r_1+jx_1$, $\dot{Z}_2=r_2+jx_2$などは不変インピーダンスとする*．

5 一般回路のベクトル軌跡

【解説】 求める電流を記号法で示せばつぎのようになる．

$$\dot{I} = \frac{E}{\dot{Z}_1 + \dfrac{1}{\dfrac{1}{\dot{Z}_0} + \dfrac{1}{\dot{Z}_2{}'}}} = \frac{E}{\dot{Z}} = E\dot{Y}$$

ここに $\dot{Z}_2{}' = \dot{Z}_2 + r = jx_2 + (r_2 + r)$ とし，$\dot{Z}$ および $\dot{Y}$ は a，b 端子からみた合成インピーダンスおよびアドミタンスである．また電圧 E をベクトル表示としないのはこれを**基準ベクトル**として実軸の方向にとったからである．

基準ベクトル　$\dot{Y}$の軌跡

さて $\dot{Y}$ の軌跡を描くためにまず $\dfrac{1}{\dot{Z}_2{}'}$ を描く．それには**図5·4**においてOを原点として実軸，虚軸をとり，$\overline{OA} = x_2$ を虚軸の方にとり，$\overline{AS} = r_2$ とすればSは $r = 0$ のときの $\dot{Z}_2{}'$ ベクトルの先端である．したがってSから実軸に平行線 $\overline{SB}$ を引けば，r が0から∞まで変わるときの $\dot{Z}_2{}'$ ベクトルの軌跡となる．よって $\dot{Z}_2{}'$ の逆なる $\dfrac{1}{\dot{Z}_2{}'}$ は C_1 を中心とする $\overset{\frown}{S_1 B_1}$ なる円弧となる．ここに B_1 点は原点Oと一致する．C_1 円の半径は $R_1 = \dfrac{1}{2x_2}$ である．

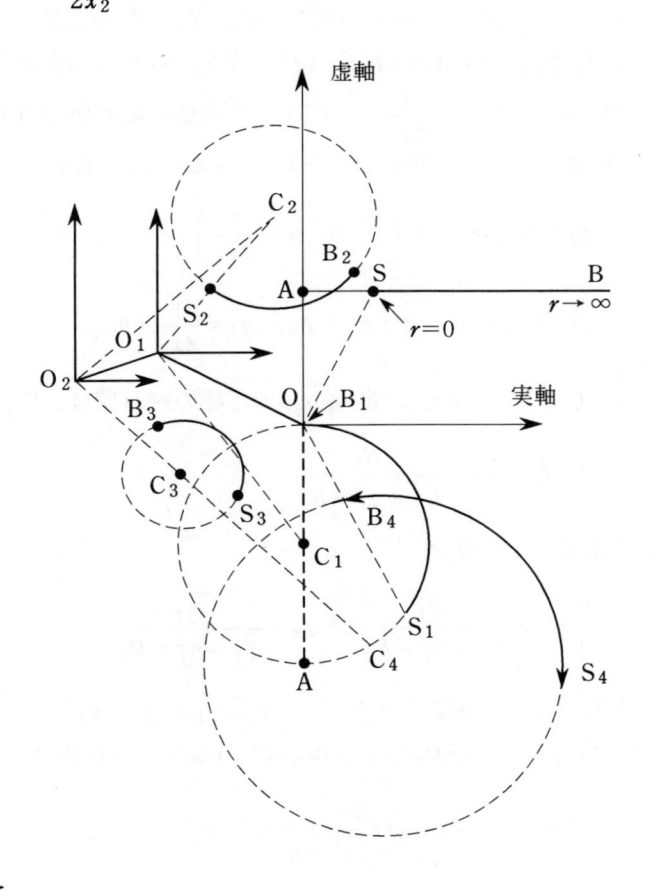

図5·4

つぎに

$$\frac{1}{\dot{Z}_0} = \frac{1}{r_0 + jx_0} = \frac{r_0 - jx_0}{r_0^2 + x_0^2} = \frac{r_0}{r_0^2 + x_0^2} - j\frac{x_0}{r_0^2 + x_0^2} = g_0 - jb_0$$

---

* 回路を一見してわかるように，変圧器や誘導電動機の等価回路あるいはT形回路といわれる送電線の等価回路で抵抗負荷の場合であることに注意されたい．

5 一般回路のベクトル軌跡

なる g_0 および b_0 を求め，一点 O_1 から O を見たとき，実軸の方向に g_0，虚軸の方向に $-b_0$ の距離にあるような O_1 点を定めれば，この O_1 点を新しい原点としたときの $\overset{\frown}{S_1B_1}$ 円弧が $\dfrac{1}{\dot{Z_0}} + \dfrac{1}{\dot{Z_2}'}$ の軌跡となる．

さて O_1 を原点として C_1 円の逆を作れば C_2 円が得られ，$\overset{\frown}{S_1B_1}$ 円弧に対する部分は $\overset{\frown}{S_2B_2}$ 円弧となる．

さらに $\dot{Z_1} = r_1 + jx_1$ に相当して，一点 O_2 から O_1 をみたときに，実軸の方向に r_1，虚軸の方向に x_1 なる距離にあるような O_2 点を定めれば，この O_2 点を新しい原点とした $\overset{\frown}{S_2B_2}$ 円弧が **$\dot{Z}$ の軌跡**となる．よって O_2 点を原点として C_2 円の逆を作れば C_3 円が得られ $\overset{\frown}{S_3B_3}$ 円弧が実在する **$\dot{Y}$ の軌跡**を示すことになる．C_3 円の E 倍の半径を有し，$\overline{O_2C_4} = E \times \overline{O_2C_3}$ なる関係の C_4 円を求めれば，$\overset{\frown}{S_4B_4}$ 円弧が求める **$\dot{I}$ の軌跡**となる．

| $\dot{Z}$ の軌跡 |
| $\dot{Y}$ の軌跡 |
| $\dot{I}$ の軌跡 |

さて O_2 点から $\overset{\frown}{S_4B_4}$ 円弧の各点に向かって引いたベクトルが，種々の r の値に対する **$\dot{I}$ ベクトル**を示し，S_4 点は $r=0$ のときにあたり，B_4 点は $r=\infty$ のときにあたるわけである．

なお，上記の四つの円の半径 R_1, R_2, R_3, R_4 および中心 C_1, C_2, C_3, C_4 の座標であるが，既述の 4・4 の (4・1) (4・2) 式を用いればつぎのとおりになる．

C_1 円の半径は $R_1 = \dfrac{1}{2x_2}$ で中心 C_1 の座標の絶対値（符号を無視した値）はつぎのとおりである（新しい座標はつぎの ξ, η などにて示す）．

$$O \text{ を原点として} \left(\xi = 0, \ \eta = \dfrac{1}{2x_2}\right)$$

$$O_1 \text{ を原点として} \left(\xi_1 = g_0, \ \eta_1 = \dfrac{1}{2x_2} + b_0\right)$$

よって C_2 円の半径および中心 C_2 の座標の絶対値は，既述の関係式により，

$$\text{半径} \quad R_2 = \dfrac{R_1}{\xi_1^2 + \eta_1^2 - R_1^2}$$

O_1 を原点とした座標

$$\left(\xi_2 = \dfrac{\xi_1}{\xi_1^2 + \eta_1^2 - R_1^2}, \ \eta_2 = \dfrac{\eta_1}{\xi_1^2 + \eta_1^2 - R_1^2}\right)$$

O_2 を原点とした座標 $(\xi_2' = \xi_2 + r_1, \ \eta_2' = \eta_2 + x_1)$

さらに C_3 円の半径 R_3 および中心 C_3 の座標の絶対値は，

$$\text{半径} \quad R_3 = \dfrac{R_2}{\xi_2'^2 + \eta_2'^2 - R_2^2}$$

O_2 を原点とした座標

$$\left(\xi_3 = \dfrac{\xi_2'}{\xi_2'^2 + \eta_2'^2 - R_2^2}, \ \eta_3 = \dfrac{\eta_2'}{\xi_2'^2 + \eta_2'^2 - R_2^2}\right)$$

最後に C_4 円の半径は ER_3 で，中心 C_4 の座標の絶対値は O_2 を原点として $(\xi_4 = E\xi_3, \ \eta_4 = E\eta_3)$ となる．

C_4円（電流，I円）の半径

$$R_4 = \frac{ER_2}{\xi_2'^2 + \eta_2'^2 - R_2^2}$$

中心O_4の座標

$$\xi_4 = \frac{E\xi_2'}{\xi_2'^2 + \eta_2'^2 - R_2^2}$$

$$\eta_4 = \frac{E\eta_2'}{\xi_2'^2 + \eta_2'^2 - R_2^2}$$

以上，長々と示したが要は，順序を立てて計算を進めればかなり複雑な問題でも解明できることを示した．

6 相互インダクタンスを含む回路への適用

相互インダクタンス
$\dot{Z}$のベクトル軌跡

図6・1のように$Z_1 = R_1 + jX_1$なるインピーダンスの一次回路と，$Z_2 = R_2 + jX_2$なるインピーダンスの二次回路とが，**相互インダクタンスM**で結合されているとき，一次端子abからみた全インピーダンス$\dot{Z}$のベクトル軌跡を調べよう．

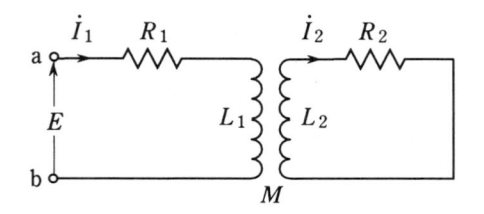

いま各回路の電流を$\dot{I}_1$および$\dot{I}_2$とすれば，つぎの関係式が成り立つ．

$$\dot{I}_1(R_1 + jX_1) + j\omega M \dot{I}_2 = \dot{E}$$
$$\dot{I}_2(R_2 + jX_2) + j\omega M \dot{I}_2 = 0$$

$$\therefore \dot{I}_1 = E \times \frac{1}{R + jX_1 + \dfrac{\omega^2 M^2}{R_2 + jX_2}}$$

よって一次端子a, bからみた全インピーダンス$\dot{Z}$はつぎのようになる．

$$\dot{Z} = \dot{Z}_1 + \frac{\omega^2 M^2}{\dot{Z}_2} = (R_1 + jX_1) + \frac{\omega^2 M^2}{R_2 + jX_2}$$

さて，ここで二次回路の抵抗R_2が種々の値となった場合の$\dot{Z}$およびその逆数$\dot{Y}$の軌跡であるが，図6・2で，$\overline{OA} = X_2$にとれば，実軸に平行に引いた$\overline{AB}$なる半無限直線が$R_2 + jX_2$の軌跡を表す．よって$1/(R_2 + jX_2)$の軌跡はC_1を中心とする半径が$(1/2X_2)$である$\overarc{A_1 B_1}$（ただしB_1点は原点Oと一致）なる半円となり，A_1点は$R_2 = 0$のとき，B_1点は$R_2 = \infty$のときにそれぞれ相当する．この軌跡を$\omega^2 M^2$倍することは，$\omega^2 M^2$が実数で一定値であるから，この半円を回転しないでそのまま$\omega^2 M^2$倍の大きさにすることで，円の半径も中心の座標も，いずれも$\omega^2 M^2$倍した円を作ればよい．C_2を中心とし，半径が$(\omega^2 M^2/2X_2)$なる$\overarc{A_2 B_2}$半円がそれである．（B_2点は原点Oと一致する）．

つぎに$\dot{Z}_1 = R_1 + jX_1$を加えるには，原点OをO_1に移せばよい．ただし，O_1とOとは実軸の方向にR_1，虚軸の方向にX_1だけ隔たっていなければならない．このようにしてO_1を原点として$\overarc{A_2 B_2}$なる半円が$\dot{Z}$の**軌跡**を示す．

$\dot{Z}$の軌跡
$\dot{Z}$の逆図形
$\dot{Y}$の軌跡

さてO_1を原点として$\dot{Z}$の逆図形を作ればC_3を中心とする$\overarc{A_3 B_3}$なる円弧が得られる．これが$\dot{Y}$の**軌跡**であることは明らかであろう．その中心の座標および半径はつぎのようになる．

6 相互インダクタンスを含む回路への適用

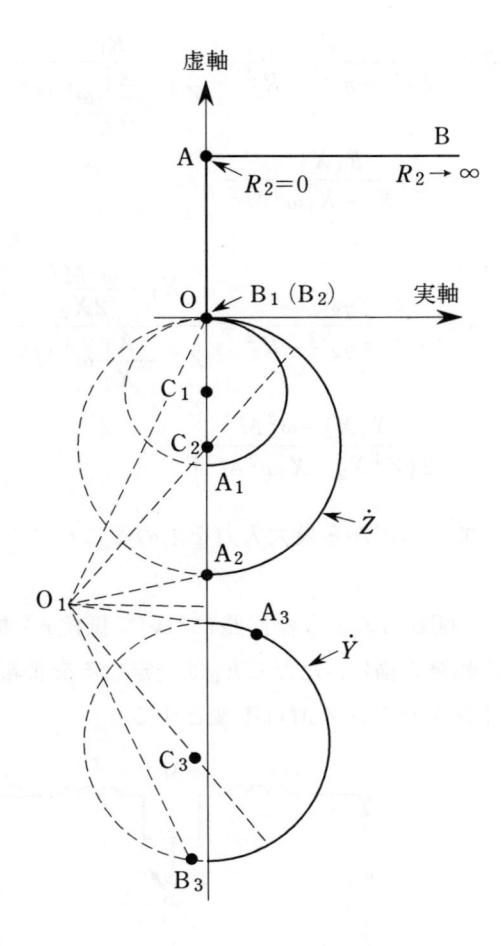

図6・2

C_2円の半径　　$R_2 = \dfrac{\omega^2 M^2}{2X_2}$

C_2の座標値（Oを原点として）$\left(\xi_2 = 0,\ \eta_2 = \dfrac{\omega^2 M^2}{2X_2}\right)$

同上　　　　（O_1を原点として）$\left(\xi_2' = R_1,\ \eta_2' = X_1 - \dfrac{\omega^2 M^2}{2X_2}\right)$

よってC_3円の半径

$$R_3 = \frac{R_2}{\xi_2'^2 + \eta_2'^2 - R_2^2}$$

$$= \frac{\dfrac{\omega^2 M^2}{2X_2}}{R_1^2 + \left(X_1 - \dfrac{\omega^2 M^2}{2X_2}\right)^2 - \left(\dfrac{\omega^2 M^2}{2X_2}\right)^2}$$

$$= \frac{\omega^2 M^2}{2\left(Z_1^2 X_2 - X_1 \omega^2 M^2\right)}$$

ただし　$Z_1^2 = R_1^2 + X_1^2$

C_3の座標の絶対値

$$\xi_3 = \frac{\xi_2'}{\xi_2'^2 + \eta_2'^2 - R_2^2} = \frac{R_1}{Z_1^2 - \dfrac{X_1}{X_2}\omega^2 M^2}$$

$$= \frac{R_1 X_2}{Z_1^2 X_2 - X_1 \omega^2 M^2}$$

$$\eta_3 = \frac{\eta_2'}{\xi_2'^2 + \eta_2'^2 - R_2^2} = \frac{X_1 - \dfrac{\omega^2 M^2}{2X_2}}{Z_1^2 - \dfrac{X_1}{X_2}\omega^2 M^2}$$

$$= \frac{2X_1 X_2 - \omega^2 M^2}{2(Z_1^2 X_2 - X_1 \omega^2 M^2)}$$

したがってこの円から最大入力を求めることができる．

電流のベクトル軌跡

【例12】 図6·3のような回路において抵抗rを加減するとき，これに通ずる電流のベクトル軌跡を描け．ただしE_0は一定なる交番電圧，また自己インダクタンスL_1, L_2, 相互インダクタンスMは不変とする．

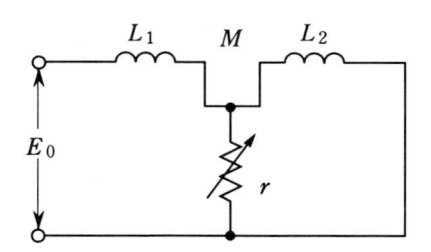

図6·3

【解説】 与えられた回路は図6·4のような回路で置き換えることができる．

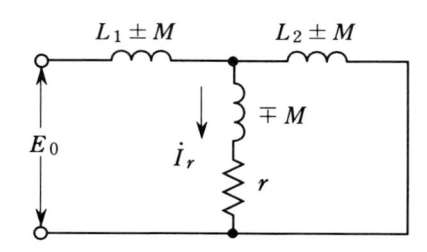

図6·4

いま複雑を避けるためにつぎのようにおいておこう．

$$\omega(L_1 \pm M) = x_1 \tag{6·1}$$

$$\omega(L_2 \pm M) = x_2 \tag{6·2}$$

$$\mp \omega M = x_m \tag{6·3}$$

したがってrを流れる電流$\dot{I}_r$は直ちに

$$\dot{I}_r = \frac{E_0}{jx_1 + \dfrac{jx_2(r + jx_m)}{r + j(x_2 + x_m)}} \times \frac{jx_2}{r + j(x_2 + x_m)}$$

$$= \frac{E_0}{r\left(1 + \dfrac{x_1}{x_2}\right) + j\left(x_1 + \dfrac{x_1 x_m}{x_2} + x_m\right)}$$

上式に(6·1), (6·2)および(6·3)式を入れれば

$$\dot{I}_r = \frac{E_0}{r\left(\dfrac{L_1+L_2 \pm 2M}{L_2 \pm M}\right) + j\left\{\dfrac{\omega(L_1 L_2 - M^2)}{L_2 \pm M}\right\}} \tag{6.4}$$

上式を変形すれば

$$r\left(\frac{L_1+L_2 \pm 2M}{L_2 \pm M}\right)\dot{I}_r + j\left\{\frac{\omega(L_1 L_2 - M^2)}{L_2 \pm M}\right\}\dot{I}_r = E_0$$

両辺を $j\dfrac{\omega(L_1 L_2 - M^2)}{L_2 \pm M}$ で除せば

$$-jr\left\{\frac{L_1+L_2 \pm 2M}{\omega(L_1 L_2 - M^2)}\right\}\dot{I}_r + \dot{I}_r = -j\left\{\frac{E_0(L_2 \pm M)}{\omega(L_1 L_2 - M^2)}\right\} \tag{6.5}$$

$\dot{I}_r$の軌跡

(6.5) 式を吟味してみると左辺の第1項 $-jr\left\{\dfrac{L_1+L_2 \pm 2M}{\omega(L_1 L_2 - M^2)}\right\}\dot{I}_r$ と第2項の$\dot{I}_r$とは$\dot{I}_r$がいかに変化してもつねに互いに直角関係にある（式を見ればすぐわかる）．かつ，その和は一定な値である．したがって$\dot{I}_r$の軌跡は円になることがわかる．さてこの場合 (6.5) 式の各項の符号について検討してみると，つねにL_1, L_2およびM間にはつぎのような関係がある．

$L_1 + L_2 > 2M$
$L_1 L_2 > M^2$

したがってMの（＋）（－）にかかわらず (6.5) 式左辺の第1項の（ ）内はつねに＋である．それで第1項は第2項よりつねに90°遅れている．

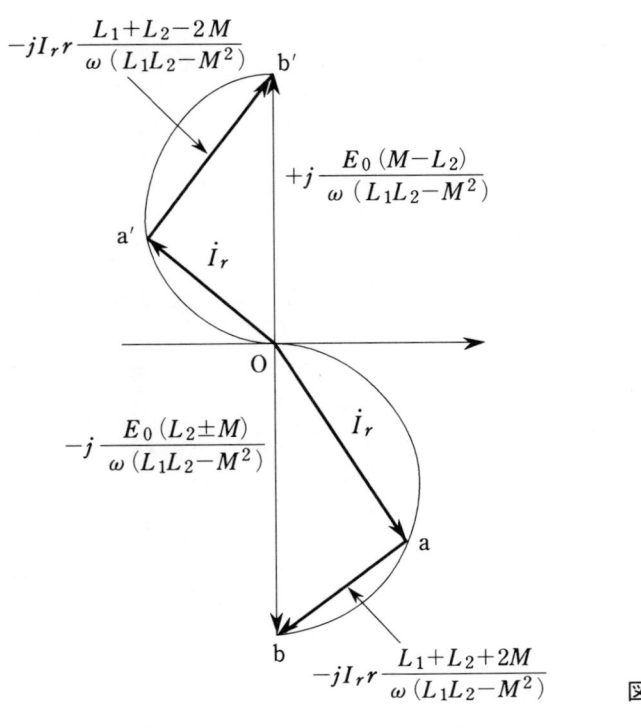

図 6.5

また右辺の$L_2 \pm M$は$L_2 < M$であってMが（－）符号をとるとき，すなわち入力側より出力側への方向に電流が通じたとき，L_1およびL_2の両起磁力が相反するよう

-41-

な場合には L_2-M は（−）符号をとり，また上記以外の場合は L_2-M は（+）符号をとる．したがって求める軌跡は図6·5のように二通りとなる．図中bおよびb′点はそれぞれ r が0の点を示し，O点は r が∞の点を示す．また図中 Oa′b′円は $M>L_2$ であって M が（−）符号をとる場合の電流 $\dot{I}_r$ の軌跡で，Oab円はこれ以外の場合の電流 $\dot{I}_r$ の軌跡である．

【問10】　誘導コイルがあり，一次コイルの抵抗 R_1，自己インダクタンス L_1，二次コイルの抵抗 R_2，自己インダクタンス L_2 で，一次，二次間の相互インダクタンスは M とする．いま図6·6のように二次側端子に抵抗 r を接続すれば一次側端子abより測った**実効抵抗**および**実効インダクタンス**は r の値によっていかに変化するかを図示せよ．またこの実効抵抗を最大にする r の値はどうなるか．ただし周波数を f とす．

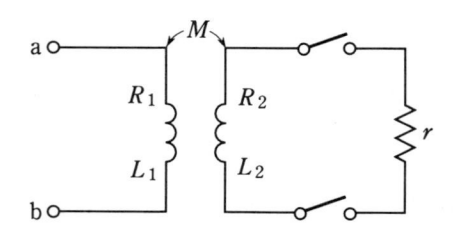

図6·6

問題の答

〔問1〕

〔略解〕 容量リアクタンスを $(1/\omega C)$ とすると次式を得る．

$$\dot{E} = \dot{I}R - j\frac{1}{\omega C}\dot{I}, \qquad \frac{\dot{E}}{R} = \dot{I} - j\frac{1}{\omega CR}\dot{I}$$

この式の性質から $\dot{I}$ ベクトルの先端の軌跡は図7・1のようになることはすぐにわかる．

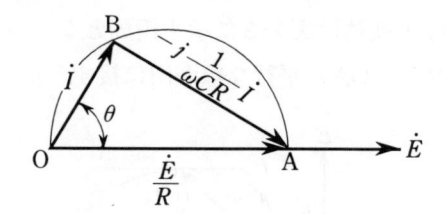

図7・1

ここに

$$\tan\theta = \frac{\overline{BA}}{\overline{OB}} = \frac{1}{\omega CR}$$

$$\therefore \quad \theta = \tan^{-1}\frac{1}{\omega CR}$$

C が 0 から ∞ まで変わると考えれば，$C=0$ は回路をそこで開いたことにあたり，上式から $\theta=90°$，したがって $\dot{I}$ は原点Oに一致することは当然である．また $C=\infty$ はそこで回路を短絡したことになり，上式から $\theta=0$，したがって $\dot{I}$ はOAに一致し，$\dot{I} = \dfrac{\dot{E}}{R}$ となることも明らかである．

〔問2〕

〔ヒント〕 【例2】に準じて考えてみよ．

〔問3〕

〔ヒント〕 1・4参照

〔問4〕

〔ヒント〕 1・4および【例2】参照

〔問5〕

〔ヒント〕 X を誘導性と想定するとベクトル軌跡は図7・2のようになる．図でBより $\overline{OA}$ 線に垂線 $\overline{BC}$ 線を下せば，

$$\overline{OC} = I\cos\theta$$

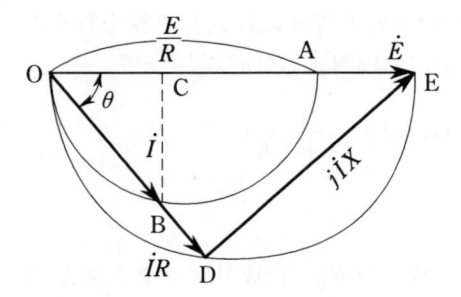

図7・2

電力 P は $P = EI\cos\theta$ であるから，$\overline{OC}$ の長さは電力 P の $1/E$ を示すこととなる．

最大電力 したがって**最大電力**は

-43-

$$\overline{\text{OA}} \times E = \frac{E}{R} \times E = \frac{E^2}{R}$$

となる．X を容量性と想定してもベクトル図が横軸を境として折返された関係となり，同様の結果を得る．

〔問6〕

電流の軌跡

〔ヒント〕 周波数 f においては L，C によるリアクタンス X は一定であることに注目すれば，**電流 I の軌跡は図7·3に示す円周**となる．電力 P は $P = EI\cos\theta$ であるが，最大になる $\dot{I}$ の位置はOAに平行な線が円に接する点である．すなわち $I = IR/X$ の点で，

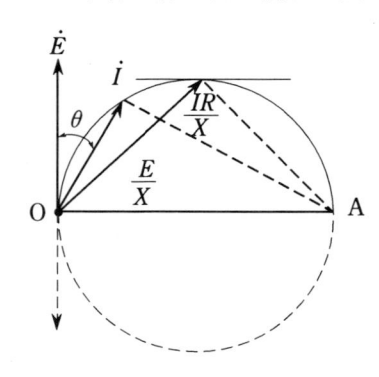

図7·3

$$\therefore \quad R = X = \left| 2\pi f L - \frac{1}{2\pi f C} \right|$$

〔問7〕

伝達関数

〔略解〕 自動制御系の一つの要素で，入力信号 S_1 と出力信号 S_2 の関係を表したものが**伝達関数**で

$$\text{伝達関数} = \frac{\text{出力信号 } S_2}{\text{入力信号 } S_1}$$

で定義される．そこで入力信号として正弦波をとるとき周波数伝達関数という．

さて回路に成立する微分方程式は

$$CR \frac{dV_C}{dt} + V_C = E$$

周波数伝達関数

題意によって入力電圧が $E = \varepsilon^{j\omega t}$ で与えられたとし（ただし入力電圧の大きさには直接関係がないので，振幅は単位量1とおいた），**周波数伝達関数**を $G(j\omega)$ とすると $\dot{V}_C = G(j\omega)\varepsilon^{j\omega t}$ とおける．

これらを前の微分方程式に代入し演算を行うと，

$$j\omega CR G(j\omega)\varepsilon^{j\omega t} + G(j\omega)\varepsilon^{j\omega t} = \varepsilon^{j\omega t}$$

$$\therefore \quad G(j\omega) = \frac{1}{1 + j\omega CR}$$

〔問8〕

〔略解〕 合成抵抗 R_0，合成リアクタンス X_0 は，

$$R_0 = \frac{r}{1 + (\omega Cr)^2}$$

$$X_0 = \omega L - \frac{\omega C r^2}{1+(\omega C r)^2}$$

R_0が一定であることに着目してベクトル図を描くと図7・4のようになる．

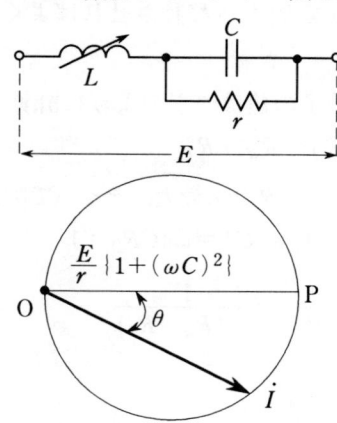

図7・4

$\dot{I}$が最大となるのは$\theta=0$，すなわち$X_0=0$のときで，

$$\therefore \quad \omega L = \frac{\omega C r^2}{1+(\omega C r)^2}, \quad L = \frac{C r^2}{1+(2\pi f C r)^2}$$

$$\therefore \quad I_{\max} = \overline{\mathrm{OP}} = \frac{E}{r}\left\{1+(2\pi f C r)^2\right\}$$

このときの消費電力Pは，

$$P = \overline{\mathrm{OP}} \times E = \frac{E^2}{V}\left\{1+(2\pi f C r)^2\right\}$$

〔問9〕

〔略解〕 「2個の抵抗」とあり，$\omega=0$で最大値R_aとなるのであるから，2個の抵抗は直列状となり，$\omega=\infty$で，最小値R_iであるからコンデンサは両抵抗に並列状に入れることはあり得ず，図7・5(a)のような回路素子の構成となろう．図のように記号を定めて回路素子の値を求めよう．

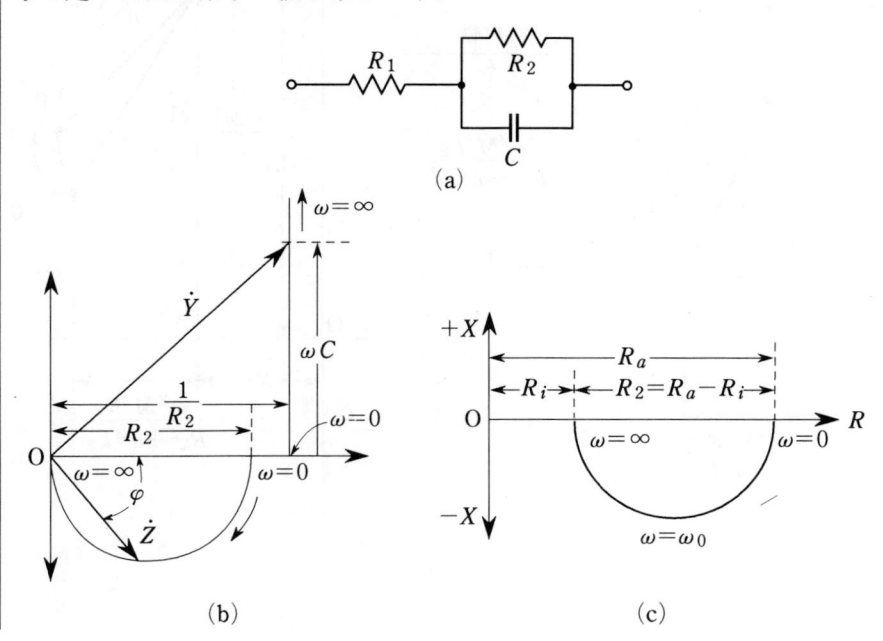

(a)

(b)　　　　　　　　　　　　　　(c)　　　　　図7・5

さて並列部分のインピーダンス $\dot{Z}=1\Big/\left(\dfrac{1}{R_2}+j\omega C\right)$ で，軌跡は図(b)のように R_2 を直径とする半円となる．同図(a)の合成インピーダンスはこれに R_1 を加算したもので，図形的には原点を R_1 だけ移動させればよく，同図(c)のようになる．これは問題の円と一致する．

したがって回路素子の値はつぎのように計算される．
$$R_1=R_i, \quad R_2=R_a-R_i$$

$\omega=\omega_0$ のとき容量リアクタンス最大，そうして図から $\varphi=45°$，よって
$$\tan\varphi=R_2/(1/\omega_0 C)=\omega_0 C R_2=1$$

$$\therefore\quad C=\dfrac{1}{\omega_0 R_2}=\dfrac{1}{\omega_0(R_a-R_i)}$$

〔問10〕

〔略解〕　図示せよ，ということは必ずしもベクトル軌跡によらなくてもよいが，ベクトル軌跡によると明瞭なのでこれによるとよい．ベクトル軌跡は本文の要領で描くことができる．これが図7·6(b)である．ただし，$\omega=2\pi f$ である．

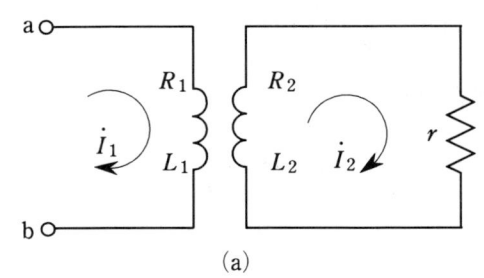

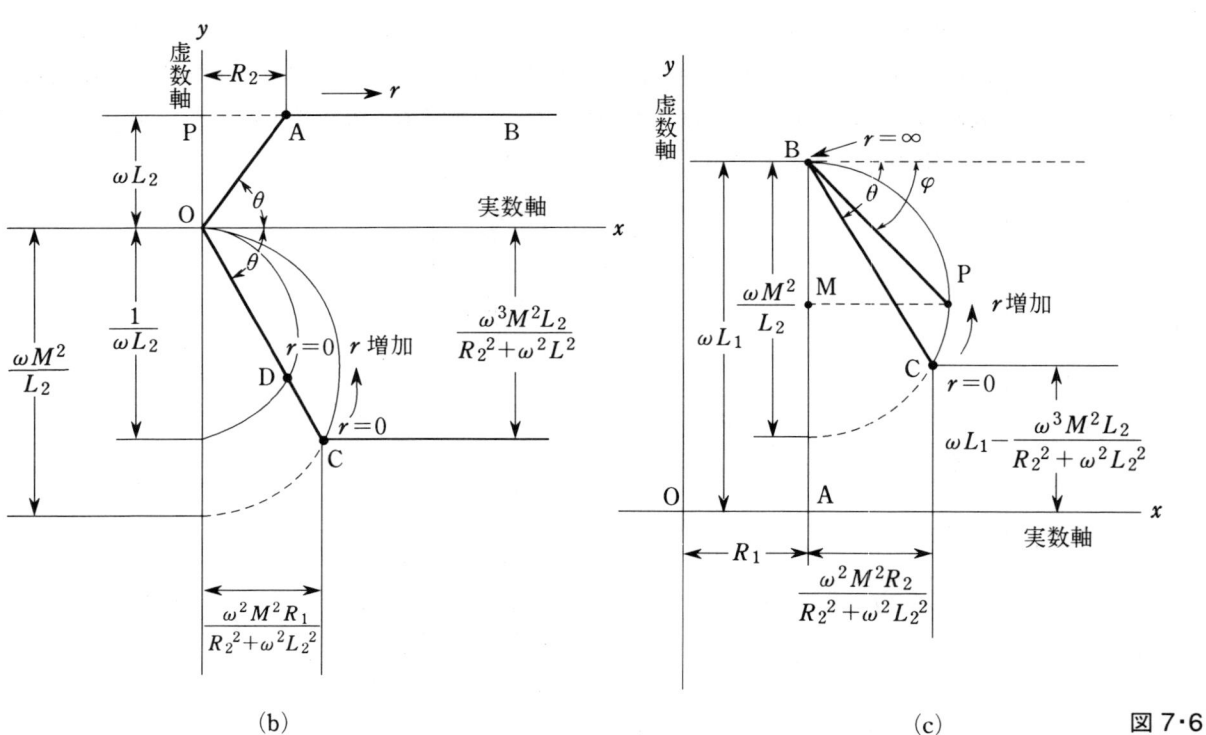

図7·6

問題の答

実効抵抗

実効リアクタンス

さてab端子からみた全インピーダンスを$\dot{Z}$とするとき，実数分が**実効抵抗**，虚数分が**実効リアクタンス**である．そうして$OP=\omega L_2$, $\overline{PA}=R_2$ととれば，A点より引いたx軸に平行な$\overline{AB}$直線がrが0から∞まで変化するときの$(R_2+r+j\omega L_2)$ベクトルの軌跡である．

その逆図形は$(1/\omega L_2)$を直径とする半円のうち実線で示す部分で，それをω^2M^2倍したものが$\overparen{OC}$円で，その直径は$(1/\omega L_2)\times\omega^2M^2=\omega M^2/L_2$，実在する部分は$\theta=\tan^{-1}(\omega L_2/R_2)$に相当する部分となる．

さて，図7・6(c)に示すように，$\overline{OA}=R_1$, $\overline{AB}=\omega L_2$とし，同図(b)の軌跡を$\overparen{BC}$の位置に移せば，円弧$\overparen{BC}$の任意の1点の横および縦座標がそれぞれab端子より測った実効抵抗，リアクタンスを表すものである．ただし，$L_1L_2-M^2\geqq 0$なる関係があるから，$\omega L_1\geqq \omega M^2/L_2$である．そうして，$r$が$0\to\infty$まで増加するに伴って，ab端子からみた**実効抵抗**は，$R_1+\{\omega^2M^2R_2/(R_2^2+\omega^2L_2^2)\}$から次第に増加してP点で示す最大値$R_1+(\omega M^2/2L_2)$に達し，これより次第に減少して$R_1$になる．

実効インダクタンス

また**実効インダクタンス**はC点の示す$L_1-\{\omega^2M^2L_2/(R_2^2+\omega^2L^2)\}$から次第に増加して$L_1$に達することは図(c)から明らかである．

そうして実効抵抗の最大値を与えるrの値が存在するのは$\omega L_2>R_2$の場合に限り，$R_2\geqq\omega L_2$のときにはrを付加するにしたがい実効抵抗は減少し，$r=\infty$すなわち二次回路の開放でR_1のみとなり，この値が最小値となることは明らかであろう．

索引

英字

- $\dot{E}$ベクトル 2, 3
- $\dot{E}_0$を基準のベクトル図 5
- $\dot{I}_r$の軌跡 41
- $\dot{I}$の軌跡 4, 6, 34, 36
- $\dot{I}$ベクトル 4, 6, 36
- Pの最大値 34
- RC直列回路 5
- $\dot{V}$の最大値 24
- $\dot{Y}$の軌跡 4, 6, 35, 36, 39
- $\dot{Y}_0$の軌跡 33
- $\dot{Y}$ベクトル 11, 18
- $\dot{Z}$の軌跡 3, 36, 38
- $\dot{Z}_0$の軌跡 33
- $\dot{Z}$の逆図形 38
- $\dot{Z}$最大条件 18
- $\dot{Z}$の最大値 19
- $\dot{Z}$のベクトル軌跡 38
- $\dot{Z}$ベクトル 11, 19, 27

ア行

- アドミタンス 17
- アドミタンスの軌跡 6
- 移相ブリッジ回路 7
- 移相範囲 7
- 円の逆図形 31
- 円の中心 8

カ行

- 回路内消費電力 9
- 基準ベクトル 1, 35
- 逆ベクトル 11, 28
- 逆円の中心 32
- 逆円の半径 32
- 逆関数 11
- 逆図形 11, 12, 21
- 原点を通過する円の逆図形 30
- 原点を通らない円 31
- 原点を通らない直線 29
- 原点を通る円 29
- コンダクタンス 8, 19
- 合成アドミタンス 18
- 合成インピーダンス 20, 24

サ行

- サセプタンス 8, 19
- 最大電力 4, 9, 43
- 実効インダクタンス 42, 47
- 実効リアクタンス 47
- 実効抵抗 42, 47
- 写像 15
- 周波数に無関係 24
- 周波数応答 12
- 周波数伝達関数 12, 44
- 相互インダクタンス 38
- 相反 16

タ行

- 単位円 16
- 端子電圧最大 22
- 直列の逆図形 28
- 直列回路 1
- ツーロン回路 7
- 抵抗分 20
- 伝達関数 13, 44
- 電流のベクトル軌跡 33, 40, 44
- 電流不変 17

ハ行

- 半径 8
- 半無限直線 3, 25
- 反転 16
- ベクトル軌跡 1, 12, 14, 26, 29
- ベクトルを$\dot{Z}_1$倍 23

マ行

無限半直線	17
無限直線の逆図形	30, 33

ヤ行

有限長直線	30
誘導リアクタンス	1
容量リアクタンス	2

ラ行

リアクタンス分	20
力率	10
力率100％	20

d–book
ベクトルの軌跡とその応用

2000年8月20日　第1版第1刷発行

著　者　森澤一榮
発行者　田中久米四郎
発行所　株式会社電気書院
　　　　東京都渋谷区富ケ谷二丁目2-17
　　　　（〒151-0063）
　　　　電話03-3481-5101（代表）
　　　　FAX03-3481-5414
制　作　久美株式会社
　　　　京都市中京区新町通り錦小路上ル
　　　　（〒604-8214）
　　　　電話075-251-7121（代表）
　　　　FAX075-251-7133

印刷所　創栄印刷株式会社
© 2000 kazue Morisawa　　　　　　　　　Printed in Japan
ISBN4-485-42906-7　　　　　　［乱丁・落丁本はお取り替えいたします］

〈日本複写権センター非委託出版物〉

　本書の無断複写は，著作権法上での例外を除き，禁じられています．
　本書は，日本複写権センターへ複写権の委託をしておりません．
　本書を複写される場合は，すでに日本複写権センターと包括契約をされている方も，電気書院京都支社（075-221-7881）複写係へご連絡いただき，当社の許諾を得て下さい．